W0268852

Fernkraftpläne

Nahkraftwerke und Einzelkraftstätten ihr Geltungsbereich und ihre gegenseitigen Grenzlinien

Von

Dr. Bruno Thierbach

Beratender Ingenieur, Berlin-Marienfelde

nebst einem Anhange, enthaltend

den Abdruck beachtenswerter Äußerungen zu dem Thema:
Elektrische Großwirtschaft unter staatlicher Mitwirkung

Springer-Verlag Berlin Heidelberg GmbH 1917

ISBN 978-3-662-32175-1   ISBN 978-3-662-33002-9 (eBook)
DOI 10.1007/978-3-662-33002-9

Copyright by Springer-Verlag Berlin Heidelberg 1917
Ursprünglich erschienen bei Julius Springer in Berlin 1917

Vorwort.

Der von Prof. Klingenberg auf der Jahresversammlung des Verbandes Deutscher Elektrotechniker 1916 in Frankfurt a. M. gehaltene Vortrag über „Elektrische Großwirtschaft unter staatlicher Mitwirkung" hat nicht nur bei den Fachgenossen, sondern auch in weiteren Kreisen, die sich der großen Bedeutung der Elektrizität im öffentlichen Leben bewußt geworden sind, außergewöhnliches Aufsehen erregt, weil Klingenberg von der Überzeugung ausgeht, daß wirtschaftlich und technisch die Allgemeinheit befriedigende Zustände nicht durch Weiterschreiten auf den bisher eingeschlagenen, allen Zufälligkeiten ausgesetzten Wegen erzielt werden können. Er empfiehlt vielmehr den Bau von Großkraftwerken, die mit leistungsfähigen Hochvoltleitungen verkuppelt, die einheitliche Stromerzeugung und Verteilung zunächst für Preußen sicherstellen sollen. Weil aber ein so großzügiges Projekt ohne Einwirkung des Staates nicht ausführbar erscheint, so kommt Klingenberg auf diesem Wege zu dem Vorschlage der staatlichen Mitwirkung. Gerade in Fachkreisen, insbesondere bei Direktoren bestehender Elektrizitätswerke, ist dieser Vorschlag auf Widerspruch gestoßen.

Die hiergegen geltend gemachten Gründe sind in einem Vortrage zusammengefaßt, den Herr Direktor Voigt - Kiel in einer am 4. Dezember 1916 im Abgeordnetenhause zu Berlin stattgefundenen Sitzung der Vereinigung der Elektrizitätswerke — einem Verbande der Leiter der größeren deutschen und einiger ausländischer Elektrizitätserzeugungs- und -verteilungsanlagen — gehalten hat.

Nachdem inzwischen eine große Anzahl von Fachleuten zu den Klingenbergschen Vorschlägen auch ihrerseits Stellung genommen hat, erschien es mir daher nützlich, das Für und Wider zusammenzustellen und kritisch zu beleuchten. Das ist in nachstehender Arbeit geschehen.

Der Arbeit angefügt habe ich — in der Reihenfolge ihres Erscheinens — diejenigen beachtenswerten Aufsätze, die in Fachzeitungen gewissermaßen als Diskussion zu dem Klingenbergschen Vortrage erschienen sind, mit Ausnahme des Klingenbergschen Vor-

trages selbst (vgl. E. T. Z. 1916, S. 297, 314, 333, 334) und der Voigtschen Erwiderung (vgl. Mitteilungen der Vereinigung der Elektrizitätswerke, Januar 1917, Nr. 184).

Nicht berücksichtigt sind einige von Nichtfachleuten geschriebene
Aufsätze, wie die Arbeit von Hochström „Die öffentliche Elektrizitätsversorgung als Einnahmequelle für den Staat", Verlag Bügge-Stuttgart,
deren Wert ich in der E. T. Z. 1916, Heft 48, bereits charakterisiert
habe, und eine kürzlich erschienene Arbeit von Dr. A. Grunenberg
„Verstaatlichung der Elektrizitätsversorgung und Besteuerung des elektrischen Stromes"; letztere, weil sie, soweit sie sich mit dem Klingenbergschen Vortrage befaßt, nichts Neues bringt, sondern sich im wesentlichen auf die Ausführungen des Voigtschen Vortrages stützt.

Auch die kürzlich erschienene Arbeit: Das Reichs - Elektrizitäts-
Monopol von Dr. phil. Richard Hartmann, Verlag von Julius Springer,
Berlin, enthält in der Hauptsache nur eine Zusammenstellung und Be-
sprechung der bisher veröffentlichten Literatur und ferner Vorschläge
für die Besteuerung der elektrischen Arbeit, aufgebaut auf einer Belastung der in den Kraftwerken und bei den Abnehmern installierten
Kilowatts. Der Verfasser errechnet dabei eine jährliche Einnahme von
558 Millionen Mark für das Reich, nimmt dabei allerdings Steuersätze
an, welche eine Erhöhung der jährlich für Verzinsung der Anlagekapitalien aufzuwendenden Summen von etwa $2\,^0/_0$ bei den Abnehmern
und von sogar $10\text{---}20\,^0/_0$ bei den Kraftwerken ausmachen.

An der Höhe dieser Abgaben und an der Einseitigkeit der finanziellen Belastung der Installations- und Anschlußwerte dürfte die Durchführung der Vorschläge in der Praxis scheitern.

Um einen umfassenden Überblick über die zukünftige Kraftversorgung Deutschlands zu gewinnen, erschien mir noch eine weitere
Betrachtung notwendig.

Fernkraftpläne und Nahkraftwerke sind nur verschiedene Entwick-
lungsstufen ein und derselben Art der Kraftversorgung, nämlich der zentralen Krafterzeugung und ihrer Übertragung durch die Elektrizität. Dieser
neuzeitlichen Form der Kraftversorgung gegenüber und noch keineswegs
von ihr verdrängt steht die Einzelkraftstätte. Die elektrischen Einzelkraftstätten erzeugen heute noch in Deutschland etwa fünfmal soviel
Kraft, als alle öffentlichen Elektrizitätswerke zusammen, und die Eigen-
versorgung mittels einzelner Kraftmaschinen tritt, gestärkt durch die immer
vollkommener werdende Durchbildung des Ölmotors und durch die voraus-
sichtliche Verschiebung in der Versorgung Deutschlands mit geeigneten
Triebölen, als ernster Wettbewerber von neuem in die Erscheinung.

Auch die Berechtigung und die wirtschaftlichen Grenzen dieses
dritten Gebildes müssen Berücksichtigung finden, wenn der zu gewin-
nende Überblick ein vollständiger sein soll.

Außerhalb der Betrachtungen dieser Abhandlung sollen dagegen alle diejenigen Fragen bleiben, welche sich auf die Gesellschaftsformen beziehen, d. h. ob private, kommunale, staatliche oder gemischtwirtschaftliche Betriebe den Vorzug verdienen. In den bisherigen Erörterungen, wie auch in der Polemik Voigt-Klingenberg, spielen diese Fragen freilich eine wesentliche Rolle; bevor man ihnen aber ernstlich nähertritt, scheint es geboten, sich über die wirkliche Leistungsfähigkeit der einzelnen Versorgungsarten und über die zwischen ihnen zu ziehenden Grenzlinien größere Klarheit zu verschaffen.

Berlin - Marienfelde, Frühjahr 1917.

Dr. Bruno Thierbach, Beratender Ingenieur.

Inhaltsangabe.

I. Die Entwicklungsstufen der Kraftversorgung.

1. Bis zur Gegenwart.

Das Streben, die Kraft des Armes zu vergrößern und seinen Wirkungsbereich zu erweitern, führte zur ersten schöpferischen Tat der Technik, zur Erfindung des Werkzeuges, und kann als Uranfang aller Kultur angesehen werden.

Dem Kriege und der Vernichtung des Gegners dienten die ersten Werkzeuge, Sieger blieb, wer es verstand, die lebendige Kraft der geschwungenen Streitaxt am besten auszunutzen oder in der Schleuder die erste Form der Fernkraftwirkung praktisch zu verwerten. Mit der Vervollkommnung der Werkzeuge wurden sie aber auch friedlichen Zwecken dienstbar gemacht und zur Herstellung von Geräten aller Art und von Schmuckgegenständen, durch die das Leben angenehmer und schöner gestaltet wurde, benutzt. a) Das Werkzeug. Menschen- und Tierkräfte.

Auf dieser Stufe der Entwicklung begann der Mensch zu arbeiten, aber die Arbeit galt noch nicht als des freien Mannes würdig. Die kriegsgefangenen Sklaven, die Leibeigenen, deren Leib und Körperkraft man sich zu eigen gemacht hatte, mußten sie verrichten, und neben ihnen die gezähmten Tiere.

Tier- und Menschenkraft sind dann lange Zeit hindurch die einzigen Kraftquellen geblieben. Ein Hauptmerkmal dieser Kräfte ist ihre Freizügigkeit. Diese macht sie ganz besonders für die Lastenbeförderung und für die Ackerbestellung geeignet, und tatsächlich fällt ihnen auf diesen beiden Gebieten auch heute noch ein sehr beträchtlicher Teil der gesamten Arbeitsleistung zu.

Erst als einzelne Jäger- und Nomadenvölker sich dem Ackerbau zuwandten und dadurch ortsfest wurden, konnte der Gedanke, auch Kräfte der unbelebten Natur auszunutzen, Wurzel fassen. Denn diese waren nicht freizügig, sondern an den Ort gebunden. Die vier alten Elemente: Feuer, Wasser, Luft und Erde wurden von der Menschheit in ihren Dienst gezwungen. Wasser und Luft leisteten in Wasserrädern, in der Windmühle und in den das Meer durchfurchenden Segelschiffen schon vor Jahrtausenden Arbeit. Das Feuer, dessen Bezwingung der Keim aller Industrieentwicklung wurde, gelangte als Betriebskraft im engeren Sinne, d. h. als Ersatz der Menschen- und Tierarbeit, freilich erst im verflossenen Jahrhundert durch die Dampfmaschine zur Herr- b) Die Ausnutzung der Naturkräfte.

schaft, nachdem man gelernt hatte, die im Schoße der Mutter Erde herangereiften Kräfte der Kohle auszuwerten.

Die Zentralisation der Krafterzeugung. Die Ausnutzung der Naturkräfte führte zur Konzentration der Arbeit, zur Entstehung fest umgrenzter Industriezentren. Wohl ist die Kohle freizügig, aber ihre Beförderung verursachte doch so große Kosten, daß die Nähe ihrer Lagerstätten in den meisten Fällen für die Wirtschaftlichkeit der Betriebe ausschlaggebend war.

Erst spätere Geschlechter werden volle Klarheit darüber gewinnen, welche Schädigungen das Zusammenpferchen der Arbeitsstellen und damit auch der Wohnstätten der Menschheit gebracht hat, und auch sie werden erst den Kulturfortschritt in seiner ganzen Größe zu würdigen verstehen, den die elektrische Fernkraftübertragung darstellt, indem sie wieder die Dezentralisation der Arbeitsstätten und Wohnungen ermöglicht.

Die Dezentralisation durch die elektrische Kraftübertragung. Von der Geburtsstunde dieser so bedeutungsvollen technischen Errungenschaft — die Inbetriebnahme der Laufen-Frankfurter Kraftübertragung ist als diese Stunde anzusehen — trennen uns erst 25 Jahre, und dieser Zeitraum ist für eine vorurteilslose Beurteilung offenbar noch zu kurz.

2. In der Gegenwart und nächsten Zukunft.
Die vier Anwendungsgebiete.

Wenden wir uns nach diesem kurzen Rückblick nun den Aufgaben zu, denen die Kraftversorgung in der Gegenwart und in der nächsten Zukunft zu dienen hat.

Vier große Anwendungsgebiete können wir unterscheiden: Handwerk- oder Kleingewerbe, Industrie, Verkehrs- oder Transportwesen und Landwirtschaft.

Das Handwerk. Der Handwerker, welcher mit der Hand werkt, muß durch die Einführung des motorischen Antriebes naturgemäß verschwinden, d. h. nur dem Namen, nicht seinem Wesen nach, er wird zum Gewerbetreibenden. Diese Umwandlung setzte mit der Erfindung des Leuchtgasmotors ein, der im Anschlusse an die in den Städten bereits vorhandenen Gasanstalten die Schaffung kleiner Kraftquellen ermöglichte, und nahm über den Benzin- und Sauggasmotor ihren Fortgang, bis in dem Elektromotor die ideale Kleinkraftquelle entstand. Ihm gehört im Gewerbebetriebe, wie in der Heimarbeit zweifellos die Zukunft, und keine noch so große Verbesserung des Gas- oder Ölmotors wird ihm den Vorrang streitig machen. Bei dieser Umgestaltung würden diejenigen Handwerker schwer geschädigt werden und den Wettbewerb der Fabriken nicht aushalten können, denen keine elektrische Kraft zur Verfügung steht. Vorbedingung für die Aufrechterhaltung dieses wichtigen Erwerbsstandes ist daher, daß das ganze Land bis in das kleinste Dorf hinein mit elektrischen Leitungen durchzogen wird.

In der Großindustrie ist schon heute Mensch und Tier als Kraftquelle so gut wie verschwunden. Aber auch hier ist ein Umwandlungsprozeß in voller Entwicklung, nämlich der Übergang von der eigenen Erzeugung der Kraft zum Energiebezuge von einem Großkraftwerke. Nicht so restlos wie im Handwerke wird, wenigstens in nächster Zukunft, diese Umwandlung vor sich gehen. Noch ist vielfach der Unterschied der Erzeugungskosten im Großkraftwerke und in der Eigenanlage ein so geringer, daß durch rein rechnerische Feststellung eine wirtschaftliche Überlegenheit des Strombezuges nicht nachgewiesen werden kann und daß oft nur die richtige Würdigung der zahlenmäßig nicht ausdrückbaren, mittelbaren Vorteile den Industriellen zum Strombezuge veranlaßt. Wollen die Elektrizitätswerke in solchen Fällen den Wettkampf nicht aufgeben, so müssen sie jedes Mittel, das die Erzeugung, Fortleitung und Verteilung der elektrischen Energie auch nur um Zehntel-Pfennige verbilligt, ausnutzen, denn um eine solche Größenordnung handelt es sich oft bei den Verhandlungen mit Großabnehmern.

Ein zweites, den Anschluß häufig erschwerendes Hindernis ist der Umstand, daß zahlreiche Industrien heute noch große Mengen Dampf zu Heiz-, Koch- und Trocknungszwecken gebrauchen und durch zweckmäßige Vereinigung dieses Betriebs- und des Kraftdampfes die Elektrizität sich besonders billig herzustellen vermögen. Gelingt es, die in derartigen Betrieben erforderlichen Wärmemengen mit anderen Mitteln ebenso vorteilhaft wie durch Dampf zu beschaffen, so wären große und wichtige Industrien dem Anschlusse an die Elektrizitätswerke gewonnen. Hier harrt noch eine für die Weiterentwicklung der Elektrizitätswerke ungemein wichtige Aufgabe ihrer Lösung. Die auch von Voigt in seiner Abhandlung (II, 5, Seite 5) befürwortete Vereinigung von Kraft- und Wärmelieferung deutet vielleicht einen Erfolg versprechenden Weg an.

Welche Kraftmengen aber auch heute noch in Einzelanlagen erzeugt werden mögen, der durch eine vollständige Aufsaugung dieser Einzelanlagen gewonnene Zuwachs wird noch nicht der größte Teil der Absatzsteigerung sein, den die Elektrizitätswerke in naher Zukunft mit Sicherheit zu erwarten haben, wenn sie die Zeichen der Zeit richtig zu deuten und sich ihren Forderungen anzupassen verstehen.

Die Elektrizität ist, wie Voigt (II, 5, Seite 4) näher ausführt, bisher fast ausschließlich als „Betriebsmittel" gebraucht worden. Erst in allerletzter Zeit tritt ihre Verwendung auch als Betriebsstoff in größerem Umfange in die Erscheinung. Daß in allen chemischen Industrien der Absatz der Elektrizität als Betriebsstoff ein ganz gewaltiger werden wird, läßt sich heute schon voraussehen.

Voigt schließt (II, 7, S. 6) diesen ganzen Verbrauch aus seinen Betrachtungen über die Entwicklung der deutschen Elektrizitäts-

b) Die Industrie.
α) Die mittelbaren Vorteile des Energiebezuges.

β) Die Vereinigung von Kraft- und Wärmelieferung.

γ) Die Elektrizität als Betriebsstoff.

werke aus und nimmt an, daß man für ihn besondere, von den übrigen Werken ganz abgetrennte Elektrizitätserzeugungsanlagen schaffen muß. Er begründet diese Annahme damit, daß derartige Werke ihre Anlagen etwa 6250 Stunden im Jahre ausnutzen, während die übrigen Elektrizitätswerke nur auf etwa 2500 Benutzungsstunden kommen, und bringt dabei besonders in Erinnerung, daß das Jahr 8760 Stunden hat. Gerade aus diesen Zahlen aber ersieht man, daß eine gegenseitige Ergänzung dieser beiden Werkarten wohl möglich ist, zumal man in manchen chemischen Industrien nicht an eine bestimmte Betriebsbelastung gebunden ist, sondern diese den festliegenden Belastungskurven der allgemeinen Licht- und Kraftwerke wird anpassen können.

δ) Die magnetische und Wärmewirkung des elektrischen Stromes.

Wenn auch mit der Bedeutung der Elektrizität als Betriebsstoff nicht zu vergleichen, so doch immerhin für die Ausnutzung der Elektrizitätswerke von Wert sind zwei gleichfalls erst in den letzten Jahren in der Industrie allmählich zur Einführung gelangende Verwendungsarten des elektrischen Stromes, nämlich seine magnetischen und seine Wärmewirkungen. Der direkten Ausnutzung magnetischer Kräfte mit Umgehung des Umweges über den Elektromotor, wie sie gegenwärtig bei der Trennung unmagnetischer und magnetischer Stoffe, beim Heben von Eisenlasten, beim Aufspannen metallischer Arbeitsstücke auf den Werkbänken bereits geschieht, darf eine gute Entwickelung auf den mannigfachsten Gebieten vorausgesagt werden, und noch größere Kräfte wird die elektrische Beheizung von Werkzeugen und Werkstücken in der Industrie beanspruchen. Bedenkt man, daß die Gasflamme als Werkzeug erst jetzt in verschiedenen Betrieben Eingang gefunden hat[1]), so kann es nicht wundernehmen, daß die viel jüngere Elektrizität auf diesem Gebiete heute noch in den allerersten Anfängen steht. Infolge seiner viel größeren Anpassungs- und Regelungsfähigkeit ist der elektrische Strom zweifellos berufen, diese Aufgaben in zahlreichen Fällen besser und wirtschaftlicher zu lösen als das Gas. Er wird dieses auch hier wie bei der Beleuchtung nie vollständig verdrängen, wohl aber zu einer sehr wertvollen Ergänzung der Arbeitsmethoden führen.

Die Landwirtschaft.

Betrachten wir weiter die zu erwartende Steigerung des Stromverbrauches in der Landwirtschaft. Hier glaubt Voigt (II, 6, S. 5), daß an den jetzt herrschenden Verhältnissen, bei denen etwa 2000 kwh auf 1 qkm Fläche entfallen, kaum viel geändert werden könnte, „selbst wenn der Staat den landwirtschaftlichen Gegenden den Strom schenken würde". Die Zukunft wird lehren, daß diese Auffassung eine falsche ist. Auch ohne eine beträchtliche Herabsetzung der Strompreise wird die Landwirtschaft weit größere Strommengen als bisher aufnehmen, selbst wenn eine der Hauptarbeiten des Landwirtes — das Pflügen — der

---

[1]) Vgl. „Das Gas als Heizmittel in Gewerbe und Industrie" und „Das Gas als Werkzeug und Maschineneinheit" von Franz Schäfer, Verlag von Oldenbourg 1916.

Elektrizität einstweilen verschlossen bleiben sollte. Man bedenke doch, eine wie kurze Spanne Zeit erst verflossen ist, seitdem der deutsche Landwirt überhaupt andere Kräfte als Mensch und Tier in seinem Betriebe benutzt und beachte andererseits, wie heute alles auf die Intensivwirtschaft hindrängt, wie diese aber ohne eine starke Industriealisierung der landwirtschaftlichen Betriebe nicht zu erreichen ist.

Von den hier durch die Elektrizität zu lösenden Aufgaben nur einige wenige Beispiele. Entwässerung des Bodens und künstliche, von den Zufälligkeiten der Niederschläge unabhängige Bewässerung der Pflanzen ist neben der künstlichen Düngung das erste Erfordernis für die Ertragsteigerung durch intensive Bewirtschaftung. Wie wenige Anlagen aber gibt es bisher in Deutschland, in denen die Entwässerung der Felder auch unter ungünstigen Verhältnissen durch Maschinenkräfte unterstützt wird; und über die maschinelle Bewässerung oder besser Beregnung der Pflanzen liegen erst seit dem Jahre 1907 eingehende, durch das Kaiser-Wilhelm-Institut zu Bromberg durchgeführte Versuche vor, die aber über die Bedeutung dieser Kultur keinen Zweifel mehr lassen[1]).

Auch der höhere Wert der künstlichen Trocknung aller möglichen Erzeugnisse der Landwirtschaft steht heute schon außer Frage, und noch zahlreiche andere Arten der Weiterverarbeitung und Verwertung der Landesprodukte am Erzeugungsorte selbst werden durchgeführt werden und zur Schaffung dezentralisierter landwirtschaftlicher Kleinbetriebe führen, sobald erst alle Landwirte über billigen elektrischen Strom verfügen und sich mit den Vorzügen des elektrischen Motors vertraut gemacht haben. Besondere Würdigung und Aussicht auf guten Erfolg werden alsdann auch die Bestrebungen finden, welche auf eine Beseitigung der landwirtschaftlichen Wanderarbeiter abzielen; Industrien und Gewerbe werden über das Land verteilt entstehen, die befähigt sind, die Erzeugung ihrer Produkte dem in der Landwirtschaft besonders stark schwankenden Menschenkraftbedarf anzupassen und dadurch der eingesessenen Bevölkerung lohnende Arbeitsgelegenheit während der landwirtschaftlichen Betriebspause zu schaffen.

Für eine Erhöhung der Dichte des Stromabsatzes über die von Voigt angeführten Zahlen hinaus besteht daher große Wahrscheinlichkeit.

Als vierte der zu betrachtenden Gruppen der Kraftversorgung war *d) Das Verkehrswesen.* das Verkehrs- und Transportwesen genannt. Trotz der gewaltigen Ausdehnung, welche hier die Anwendung der maschinellen Kraft gewonnen hat, indem sie den Eisenbahnverkehr ganz, die Schiffahrt zum größten Teile beherrscht, finden Menschen- und Tierkräfte doch noch weiteste Verwendung, und große Aufgaben wird bis zu ihrer vollständigen Be-

---

[1]) Vgl. die Berichte des Geh. Baurat Krüger-Berlin in den Mitteilungen der Kartoffelbau-Gesellschaft m. b. H.

seitigung die Technik noch zu lösen haben. Wenn auch gerade auf diesem Gebiete die Elektrizität infolge der Abhängigkeit des Motors von den Zuleitungen des Stromes einen besonders schweren Stand gegenüber dem beweglichen Dampf- und Ölmotor hat und haben wird, so sind ihre bisherigen Erfolge doch auch hier so große, daß man auch für die spätere Entwickelung die besten Hoffnungen hegen darf. Die Behauptung von Voigt (II, letzte Zeile), daß die Erfahrungen des Krieges, der hohe Kapitalbedarf und die geringen wirtschaftlichen Vorteile die elektrische Zugförderung für das nächste Jahrzehnt und länger auf Sondergebiete, wie Stadt- und Vorortbahnen, beschränken, kann keineswegs als richtig anerkannt werden. Ob die Erfahrungen des Krieges wirklich einer Einführung des elektrischen Betriebes in größerem Umfange entgegenstehen werden, läßt sich heute noch nicht einwandfrei entscheiden. Bedenkt man, welchen Gefahren der gesamte deutsche Bahnbetrieb ausgesetzt gewesen wäre, wenn die Kohlenfelder Oberschlesiens oder von Saarbrücken auch nur vorübergehend in Feindeshand gefallen wären, so wird man sich fragen, ob eine Elektrisierung gerade wichtiger Hauptstrecken, für welche der Strom von den im Herzen Deutschlands gelegenen Braunkohlengruben aus erfolgen kann, sich nicht doch gerade im Interesse der Landesverteidigung als dringend wünschenswert erweisen wird. Über die wirtschaftlichen Vorteile des elektrischen Betriebes gegenüber dem Dampfbetriebe sind die Meinungen zum mindesten noch geteilt, aber auch die kleinsten Vorteile werden in der nächsten Zeit höher als vor dem Kriege bewertet werden, und gerade den Ersparnisse erzielenden Anlagen werden in Zukunft die Kapitalien zufließen. Für die Jahre nach dem Kriege ist es sehr wohl möglich, daß man mit Rücksicht auf eine weiter notwendig werdende Schonung unserer Steinkohlen eine Elektrisierung der Bahnen überall dort ins Auge fassen wird, wo man sie mit Wasserkraft oder von den Braunkohlenlagern und Torfmooren aus ermöglichen kann.

Der Umfang, welchen die Elektrisierung der Bahnen annehmen wird, ist für die Entwicklung der Elektrizitätswerke von weitgehendstem Einflusse; von grundlegender Bedeutung aber ist er für alle Verstaatlichungs- und Monopolpläne, und es erscheint tatsächlich verfrüht, diesen Plänen ihre endgültige Form geben zu wollen, bevor bezüglich der Bahnelektrisierung nicht größere Klarheit herrscht.

 Neben den bisher besprochenen vier Hauptgruppen der Kraftverwertung sind noch zwei weitere zu betrachten, nämlich ihre Verwendung im Haushalte und im Signal- und Nachrichtenwesen.

Im Haushalt stellen die elektrisch betriebenen Wascheinrichtungen, Nähmaschinen, Staubsauger, Bohner und Küchenmotoren die ersten Versuche, die Menschenarbeit durch Naturkräfte zu ersetzen, dar; im Nachrichten- und Signalwesen und auf allen anderen Gebieten der

Schwachstromtechnik vollzieht sich gegenwärtig eine Umwandlung, welche darauf abzielt, die galvanischen Elemente entbehrlich zu machen, und an ihrer Stelle Strom von einem Elektrizitätswerke zu beziehen. Bei der neuesten Schöpfung, der drahtlosen Nachrichtenübertragung, kommen Elemente überhaupt nicht mehr in Betracht. Aber auch bei der einfachen Hausklingel werden sie in allen Wechselstromanlagen bald durch den Kleintransformator verdrängt werden.

Sind die hierbei in Betracht kommenden Strommengen einstweilen auch nur geringe und die beiden Gebiete daher mehr für die elektrotechnischen Fabriken und Installateure von Interesse, so ist mit einem weiteren Ausbau des gesamten Schwachstrombetriebes doch zu rechnen, die Dienstbotennot wird sicher immer empfindlicher werden und zur Steigerung des Elektrizitätsabsatzes im Haushalte führen. Dieser Strombedarf verdient als wertvolle Ergänzung der Tagesbelastung jedenfalls Beachtung.

Eine zukünftige Entwicklung in feste Zahlen fassen zu wollen, ist stets ein unsicheres und undankbares Vorhaben. Überblicken wir aber einerseits die im vorstehenden kurz geschilderten Aufgaben, deren Lösung den Elektrizitätswerken in der nächsten Zeit bevorsteht, und andererseits ihr bisheriges rapides Wachsen, so wird man zugeben müssen, daß die Zweifel, die Voigt (VI, 1, S. 15) in die Klingenbergsche Annahme einer Verfünffachung des heutigen Stromverbrauches setzt, nicht gerechtfertigt erscheinen. Ob die Verfünffachung nun gerade nach zehn Jahren oder einige Jahre später oder auch schon früher eintritt, ist dabei recht gleichgültig; der Rahmen, welcher für die weitere Ausgestaltung der Elektrizitätswerke geschaffen werden soll, muß eine solche und eine noch größere Vervielfachung des Stromabsatzes jedenfalls in sich aufnehmen können.

Sehen wir uns im folgenden Abschnitte nun das von Voigt in Vorschlag gebrachte System der Nahkraftwerke und das Projekt der Fernkraftwerke von Klingenberg näher daraufhin an, inwieweit ein jedes dieser Gebilde der geschilderten Entwicklungsmöglichkeit der Elektrizitätswerke zu genügen vermag.

II. Vergleich der Nahkraftwerke und des Fernkraftsystems.

„Was Klingenberg in seinen Großkraftwerken und wir selbst in den Nahkraftwerken vertreten,“ sagt Voigt (V, 3, S. 14), „sind Theorien ohne Berücksichtigung der Praxis.“ Er erkennt damit an, daß es weder die Absicht von Klingenberg ist, plötzlich oder doch in wenigen Jahren alle vorhandenen deutschen Elektrizitätswerke durch seine dreißig Großkraftwerke und 100 bis 120 Haupttransformatorenstationen zu ersetzen, ebensowenig wie die von ihm vertretenen Kreise daran denken, an Stelle des Bestehenden nun 150 Nahkraftwerke neu oder auch nur durch Ausbau zu schaffen; beide Pläne sollen vielmehr nur die Richtlinien andeuten, auf denen sich nach der Auffassung beider Parteien die weitere Entwicklung der Elektrizitätsversorgung Deutschlands am vorteilhaftesten vollziehen wird.

Weiter aber behauptet Voigt (V, 1, S. 14), daß man mit beiden vorgeschlagenen Gebilden das gleiche erreichen kann und daß das gleiche Ergebnis bei dem System der Nahkraftwerke in viel einfacherer Weise erzielt wird.

Seine Beweisführung beruht auf einem leicht zu durchschauenden Trugschluß: Voigt steckt den Rahmen der Leistungsfähigkeit nur so weit, als er eben für seine Nahkraftwerke paßt. Diesen Rahmen füllen selbstverständlich beide Gebilde aus. Die Mehrleistung der Fernkraftwerke aber kommt alsdann bei den Erörterungen und Betrachtungen gar nicht zur Geltung, und ihre Überlegenheit tritt nicht in die Erscheinung.

1. Wert und Bedeutung des Hochvoltnetzes.

So sieht Voigt zum Beispiel in dem beim Klingenbergschen Projekte notwendigen, ganz Deutschland überspannenden 100 000-Volt-Netze nur eine Komplizierung und Verteuerung dieses Systems, ohne die hohe wirtschaftliche Bedeutung dieses Netzes auch nur anzudeuten, und doch beruht gerade auf diesem Netze der hauptsächlichste Wert und Nutzen der Fernkraftwerke.

Zahlreiche Zweige der deutschen Industrie verdanken ihre Überlegenheit dem Umstande, daß sie früher als in anderen Ländern darangegangen sind, Abfallstoffe auszunutzen — man erinnere sich nur der Teerfarbenindustrie—; eine planmäßige Verwertung aller Abfallkräfte wird notwendig sein, um der Gesamtindustrie ihre Vorzugsstellung gegenüber anderen, mit Naturkräften freigebiger ausgestatteten Ländern zu sichern.

Die Aufnahme und Nutzbarmachung solcher Kräfte ist aber bei einem einheitlichen und einem Willen unterstehenden Landesnetze zweifellos sehr viel leichter als bei 150 Einzelnetzen, deren Besitzer 150 Sonderinteressen zu vertreten haben; auch können natürlich die Großkraftwerke sich der Aufnahme selbst sehr großer Kräfte viel leichter anpassen, da sie ja einzeln die etwa fünffache Leistungsfähigkeit der Nahkraftwerke besitzen.

In erster Reihe wird es sich um die Aufnahme von Wasserkräften in das als allgemeinen Sammelbehälter dienende Hochvoltnetz handeln. Die noch des Ausbaues harrenden Wasserkräfte sind in Deutschland keineswegs so geringfügig, wie sie nach der Darstellung von Voigt (IV, 4, S. 10) erscheinen. Zum Beweise seien zunächst einige Zahlen aus den sehr eingehenden Untersuchungen der Preußischen Landesanstalt für Gewässerkunde angeführt[1]):

Diese Untersuchungen erstrecken sich auf die Gebiete der Oder, der Elbe, der Weser, des Rheines und der Maas, soweit sie in das Berg- und Hügelland Preußens und der eingeschlossenen Kleinstaaten fallen. Von den Flüssen selbst sind jedoch die Kräfte des Rheines und der Weser nicht mit berücksichtigt, da hierüber bereits Sonderuntersuchungen vorlagen. Außer Betracht gelassen sind ferner alle Wasserläufe, bei denen nicht wenigstens eine Rohkraft von 15 PS. auf 1 km Lauflänge während neun Monaten des Jahres zur Verfügung steht. Das untersuchte Gebiet umfaßt rund 92 000 qkm, also nur etwas mehr als den vierten Teil des Königreichs Preußen, und doch sind auf diesem Gebiete

rund 1,8 Millionen PS. an Wasserkräften vorhanden,
    0,45   ,,   ,, sind durch Triebwerke ausgenutzt,
    1,35   ,,   ,, harren noch der Verwertung.

Legt man jedoch nicht diese jährlichen Mittelwerte zugrunde, sondern die Größen derjenigen Kräfte, welche neun Monate hindurch nicht unterschritten werden, so ergeben sich folgende, natürlich wesentlich kleinere Zahlen:

    0,6 Millionen PS. für die gesamten,
    0,15   ,,   ,, für die bereits ausgenützten;
    0,45   ,,   ,, bleiben mithin noch verwertbar.

Diese Kräfte stehen, wie gesagt, mindestens neun Monate im Jahre ununterbrochen zur Verfügung; es wäre also möglich, sie während rund 6500 Stunden zu verwerten; die noch freien Kräfte des preußischen Hügellandes würden mithin eine Jahresleistung von rund 2 Milliarden KWh darstellen. Solange man freilich eine Wasserkraft als Einzelkraftquelle arbeiten läßt, sei es zur Erzeugung von Elektrizität oder zum direkten Antriebe der Arbeitsmaschinen, ist es natürlich fast nie möglich, sie voll auszunützen. Das Bild wird aber ein ganz anderes, sobald man die Wasserkräfte auf das als großes Sammelbecken dienende Landesnetz arbeiten läßt; alsdann braucht kein Tropfen Wasser, soweit die eingebauten Turbinenanlagen überhaupt aufnahmefähig sind, unbenutzt zu Tale zu fließen. Die Turbinen selbst aber wird man alsdann nicht mehr, wie heute üblich, für die kleinste oder höchstens mittlere Wassermenge bauen, sondern mit ihren Größenabmessungen weit darüber hinausgehen.

---

[1]) Nähere Erörterungen hierüber enthalten meine Arbeiten: „Die Wasserkräfte des Berg- und Hügellandes in Preußen und ihre Bedeutung für die Elektrizitätserzeugung". Sonderabdruck aus E. T. Z. 1915, Heft Nr. 27 und: „Die Ausnutzung von Überschußkräften". Sonderabdruck aus E. K. u. B. 1915, Heft Nr. 14.

Die bisher angeführten Zahlen bezogen sich nur auf das preußische Berg- und Hügelland und schlossen auch hier die Ströme Rhein und Weser aus. Betrachtet man aber die in ganz Deutschland noch vorhandenen großen und billig zu gewinnenden Wasserkräfte und den volkswirtschaftlichen Wert ihrer planmäßigen Ausnutzung, so ergibt sich, meines Erachtens, schon allein hieraus die zwingende Notwendigkeit, die Klingenbergschen Vorschläge der Schaffung eines alle Großkraftwerke verkuppelnden Hochvoltnetzes zur Durchführung zu bringen.

Allein zwischen Basel und Straßburg sind aus dem Rhein 500 000 PS zu entnehmen; eine ebenso große Leistung ist oberhalb Basel gewinnbar. Auch in Bayern sind noch große und billige Wasserkräfte vorhanden, z. B. an Isar und Inn annähernd 200 000 PS; ihre Ausnutzung ist bis jetzt lediglich an der mangelnden Verwendungsmöglichkeit gescheitert.

Diese Kräfte würden die industrielle Entwicklung auf das kräftigste zu fördern imstande sein und zwar in einem Gebiete, das sich weit über den örtlichen Kreis der Erzeugungsstätten hinaus erstreckt, sobald für ihre Aufnahme ein Hochvolt-Landesnetz zur Verfügung steht. Auch die Vorschläge von Oscar von Miller für die Ausnutzung der Walchenseekraft würden in diesem Rahmen eine wesentlich erhöhte Bedeutung finden.

Zahlenmäßig festlegen freilich läßt sich die wirtschaftliche Wirkung einer derartigen Wasserkraftausnutzung in ihrer Allgemeinheit nicht; aus diesem Grunde hat Klingenberg offenbar auch darauf verzichtet, bei seinen Berechnungen näher darauf einzugehen. Es steht aber außer Frage, daß das von ihm errechnete finanzielle Erträgnis durch die Einbeziehung dieser Wasserkräfte eine beträchtliche Verbesserung erfahren würde.

Doch noch ein weiterer Gesichtspunkt ist für eine möglichst baldige und weitgehende Ausnutzung aller in Deutschland vorhandenen Wasserkräfte in Verbindung mit dem Hochvolt-Landesnetz maßgebend.

Es ist schon vielfach auf die durch den Krieg eingeleitete, aber für die Friedenszeit unhaltbare Vergeudung unserer wertvollen Braunkohlenschätze in Mitteldeutschland hingewiesen worden, die jetzt für chemische Zwecke ausgenutzt werden und im Frieden zumeist zur Erzeugung von Düngemitteln Verwendung finden sollen. Ein solches Vorgehen aber ist auf die Dauer nicht zu rechtfertigen; es ist volkswirtschaftlich unverantwortlich, dieses mitten im Lande gelegene und daher für Kriegsfälle ganz unschätzbare Kohlenvorkommen einer baldigen Erschöpfung dadurch zuzuführen, daß man es für Erzeugnisse von verhältnismäßig geringem Geldwert verwendet. Für solche Zwecke müssen unbedingt und ausschließlich die billigen Wasserkräfte herangezogen werden.

„So überraschend es klingen mag,“ sagt Voigt (IV, 4, S. 16), „es besteht die Gefahr, daß mit dem Größerwerden der öffentlichen Elektrizitätswerke der wirtschaftliche Anreiz zum Ausbau kleiner Wasserkraftanlagen für die nächsten Jahre sinken wird.“ Dieses klingt nicht nur recht überraschend, die Behauptung ist vielmehr sicherlich falsch. Denn es ist im Gegenteil zweifellos, daß gerade das Vorhandensein von Überlandleitungen, die durch Großkraftwerke gespeist werden, den Ausbau kleiner Wasserkräfte begünstigen und rentabler als früher gestalten muß. Der betreffende Industrielle und Gewerbetreibende hat es alsdann ja nicht mehr nötig, als Ergänzung und zur Reserve für seine Wasserkraft kostspielige Dampf- oder Ölmotoren anzulegen, da er durch einen Anschluß an das Überlandnetz diesen Zweck viel besser und mit weit geringeren Kosten erreicht; wird ihm sogar die Möglichkeit geboten, alle Überschußkräfte seiner eigenen elektrischen Anlage, wenn auch zu noch so niedrigen Preisen, an das allgemeine Landesnetz abzugeben, so trägt dies zur Verbilligung seines Betriebes bei und wird einen Anreiz zum Ausbau bisher unwirtschaftlich erscheinender Wasserkraftanlagen ausüben.

Je größer die Hauptkraftwerke und je geringer sie an Zahl werden, um so eher werden die Hemmungen, welche bisher diesen „zeitweise negativen Abnehmern“ entgegengewirkt haben, schwinden.

Beim Vorhandensein eines allgemeinen Landesnetzes kommt aber noch eine andere Art der Wasserkraftausnutzung in Frage, welcher man bisher keine Beachtung geschenkt hat. Es sind dieses die Kraftspeicher unserer großen Seen. In Mecklenburg z. B. liegt der große Schweriner See 37 m über der nur wenige km entfernten Ostsee und die Müritz weist bei einem Flächenraume von 130 qkm sogar ein Gefälle von 63 m gegenüber dem 5 km entfernten Malchiner See auf. Der Zufluß dieser Seen ist meist so gering, daß eine bedeutende Dauerleistung von ihnen nicht zu erwarten ist. Als Unterstützung aber in den kurzen Hauptbelastungszeiten der Elektrizitätswerke und auch als Momentreserven können sie aller Voraussicht nach hervorragende Dienste leisten. Aus der Müritz z. B. könnten durch Senkung des Seespiegels um nur 10 cm rund 150 000 PS. 12 Stunden lang gewonnen werden. Freilich nur für wirkliche Großkraftwerke und sehr ausgedehnte Leitungsnetze, wie sie allein dem System der Fernkraftwerke eigen sind, kommen diese Wasserkräfte in Frage, da die notwendigen Wasserbauten sich nur für derartige Großunternehmungen lohnen werden.

Neben den Wasserkräften werden Überschußkräfte zahlreicher Betriebe sich zum Speisen in das Hochvoltlandesnetz eignen, und hierbei wirtschaftlich wertvolle Dienste leisten. Es sei hier nur an das Stromangebot der Königlichen Eisenbahndirektion Halle erinnert[1]), die

b) Aufnahme weiterer Überschußkräfte.

---

[1]) Vgl. meine Untersuchungen hierüber: „Das Stromangebot der K. E.-D. Halle a. S. Sonderabdruck der „Chemischen Industrie“, XXXVII, Nr. 14, 1914.

von ihrem Bahnkraftwerke bei Muldenstein etwa 30 Millionen KWh an
Überschußkräften für Großabnehmer abtreten wollte. Die Unterbringung solcher Überschußkräfte wird natürlich sich wesentlich leichter
und auch vorteilhafter gestalten, wenn sie nicht für einzelne bestimmte
Betriebe, sondern mit Hilfe des Landes-Hochvoltnetzes für die allgemeine Kraftversorgung Verwendung finden können.

2. Die Verkuppelungsleitungen.

Es könnte nun eingewendet werden, daß die geschilderten Vorteile
eines das ganze Land überspannenden Sammelnetzes auch ohne Fernkraftwerke und ohne 100 000 - Volt - Leitungen durch Verkuppelung
der Leitungsnetze der Nahkraftwerke in gleicher Weise erreicht
werden können. Voigt ist offenbar dieser Ansicht, wenn er beide
Systeme für gleichberechtigt erklärt. Will man aber tatsächlich etwas
dem Hochspannungsnetze der Großkraftwerke auch nur angenähert
Gleichwertiges schaffen, so muß man hierfür ein Kapital aufwenden,
welches, auf gleiche Leistung berechnet, ein Vielfaches der Kosten des
100 000-Volt-Netzes erfordern würde.

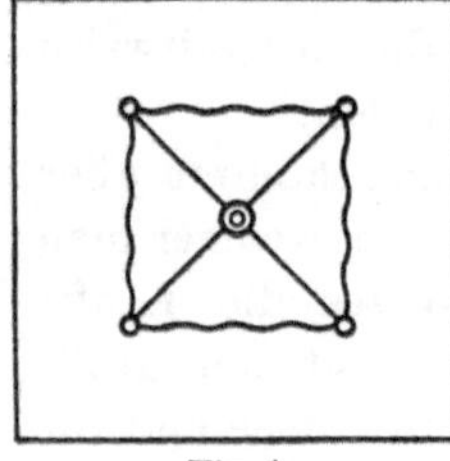

Fig. 1.

⊚ Kraftwerk mit Trans-
   formator 5000/15000 V
○ Hauptverteilungspunkt

——— Fernleitungen

∿∿ Ausgleichsleitungen

Diesen äußerst wichtigen Punkt läßt Voigt
ganz unbeachtet; er erklärt bei seinem Vergleiche beider Systeme (V, 1, S. 14): „Die
100 000-Volt-Leitungen fallen bei den Nahkraftwerken weg" und berücksichtigt die für ihre
Kuppelung erforderlichen Leitungen überhaupt
nicht. An einem schematischen Beispiele möge
gezeigt werden, daß hier ein äußerst bedenklicher
und für die ganzen Erörterungen und Betrachtungen schwerwiegender Fehler vorliegt.

Nehmen wir der Einfachheit der Darstellung
wegen an, das Versorgungsgebiet der Nahkraftwerke hätte eine quadratische Form und die
Werke lägen a km voneinander entfernt, dann hat jedes Nahkraftwerk einen Flächenraum von a^2 qkm zu versorgen. Die Werke
liegen, wie Fig. 1 andeutet, im Mittelpunkte des Quadrates. Sie
erzeugen die Elektrizität mit einer Spannung von etwa 3000 oder
5000 Volt, die in der Transformatorenstation des Werkes auf die
Leitungsspannung der Nahkraftwerke, etwa 15000 Volt, heraufge-
bracht und in dieser Spannung durch vier Fernleitungen den
vier Hauptverteilungspunkten zugeführt wird. Zum Spannungsaus-
gleich und aus Gründen der Betriebssicherheit wird man diese
vier Punkte durch weitere 15 000-Volt-Leitungen untereinander verbinden. An diese schließen sich dann die eigentlichen 15 000-Volt-
Verteilungsnetze an. Sie sind in der Figur nicht mit eingezeichnet,

da diese Verteilungsleitungen für die Kuppelung benachbarter Werke keinesfalls in Betracht kommen. Doch auch von der Benutzung der eingezeichneten Leitungen wird man absehen und die Kuppelung durch besondere, von Werk zu Werk gezogene Leitungen vollziehen; denn die einzelnen Verwaltungen der Nahkraftwerke sind ja voneinander ganz unabhängig, und jede wird ihr Leitungsnetz ungestört erhalten wollen.

Die für eine Kuppelung von 16 Werken erforderlichen Leitungen ersieht man aus Fig. 2. Man wird, um mit den wenigsten Leitungen die größte Betriebssicherheit zu erreichen und möglichst große Gebiete aufzuschließen, zunächst Gruppen von je vier Werken miteinander verbinden und zwischen je zwei Gruppen wenigstens eine Verbindungsleitung herstellen. Durch eine solche Anordnung erreicht man, daß

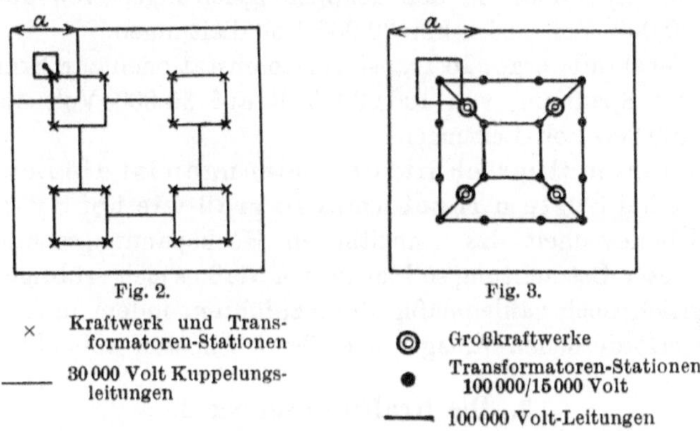

<table>
<tr><td align="center">Fig. 2.</td><td align="center">Fig. 3.</td></tr>
</table>

✕ Kraftwerk und Transformatoren-Stationen	◎ Großkraftwerke
——— 30 000 Volt Kuppelungsleitungen	● Transformatoren-Stationen 100 000/15 000 Volt
	——— 100 000 Volt-Leitungen

kein Punkt des gesamten Versorgungsgebietes weiter als $\frac{a}{2}\sqrt{2}$ km von einer der Kuppelungsleitungen entfernt ist.

Bei einer derartigen Anordnung müssen $40\,a$ km Leitungen neu verlegt werden. Will man diese Kuppelungsleitungen aber gleichzeitig zum Anschlusse von Großabnehmern mit benutzen, wodurch das System mit dem der Fernkraftwerke überhaupt erst vergleichbar wird, so wird man diese Leitungen für mindestens 30 000 Volt bauen, muß also in jedem Werke eine, mithin im ganzen 16 Transformatorenstationen hinzufügen. **Die Anlagekosten aller dieser Einrichtungen sind von Voigt bei dem von ihm angestellten Vergleiche nicht berücksichtigt.**

Beim System der Fernkraftwerke werden anstatt der 16 Nahkraftwerke und auch an ihren Standorten 16 Haupttransformatorenstationen errichtet, in denen die in vier Großkraftwerken erzeugte Energie von 100 000 auf 15 000 Volt herabgesetzt wird. Um die gleiche Betriebssicherheit wie vorher zu erreichen, wird man die Leitungsanordnung

b) Der Fernkraftwerke.

nach Fig. 3 durchführen. Auch bei dieser Anordnung ist kein Punkt des Versorgungsgebietes mehr als $\frac{a}{2}\sqrt{2}$ km von den Kuppelungsleitungen entfernt. Diese bestehen hier aber durchweg aus 100 000-Volt-Leitungen. Hier hat also das Hauptnetz eine zehnmal größere Leistungsfähigkeit, wie beim vorigen System mit seinen 30 000-Volt-Kuppelungsleitungen. Die Länge der Kuppelungsleitungen beträgt hier 45,6 a km. Da die 16 Transformatorenstationen an Stelle der 16 Nahkraftwerke treten, sind die von ihnen ausgehenden eigentlichen Verteilungsleitungen der einzelnen Versorgungsgebiete genau die gleichen wie beim ersten System. Sie können also bei einem Vergleiche beide Male außer Betracht gelassen werden, und die Gegenüberstellung ergibt folgendes:

1. Nahkraftwerke: 16 Transformatorenstationen zur Erhöhung der Spannung in den Kuppelungsleitungen von 15 000 auf 30 000 Volt; 40 a km 30 000-Volt-Leitungen.
2. Fernkraftwerke: 16 Transformatorenstationen zur Ermäßigung der Spannung von 100 000 Volt auf 30 000 Volt 45,6 a km 100 000-Volt-Leitungen.

Bei gleichem Querschnitt der Leitungen ist die Leistungsfähigkeit bei System II zehnmal so groß wie bei System I.

Die Überlegenheit des einheitlichen Hochspannungssammelnetzes geht aus dieser Betrachtung so klar hervor, daß es sich erübrigen dürfte, den Vergleich noch zahlenmäßig durchzuführen, indem man für beide Fälle die erforderlichen Anlage- und Betriebskosten aufstellt.

3. Die Kraftwerksanlagen.

Daß das zweite System hinsichtlich der Kraftwerke selbst dem ersten überlegen ist, wird von keiner Seite geleugnet. Auch Voigt erkennt dieses an (IV, 5, S. 10), schätzt diese Überlegenheit aber viel zu gering ein.

Nicht nur die in Maschinen- und Kesselhäusern anzulegenden Kapitalien werden bei wenigen Großkraftwerken niedriger als bei vielen kleinen Werken ausfallen, es werden auch noch weitere sehr bedeutende Ersparnisse erzielt. Zu jedem Maschinen- und Kesselhause gehören doch noch eine ganze Reihe von Nebenanlagen, z. B. zur Wasser-, Kohlen- und Aschenförderung und Bauten zur Unterbringung der Verwaltung und des Bedienungspersonals, und ob man diese Anlagen hundertfünfzig- oder dreißigmal errichtet, dürfte einen recht bedeutenden Unterschied machen, zumal diese Ausgaben, auf die Leistungseinheit eines Werkes bezogen, für kleine Werke sehr viel höher als für große sind.

Dieselbe Überlegung führt noch zur Aufdeckung eines weiteren Fehlers des Voigtschen Vergleiches: Die Personalkosten sind von ihm ganz außer acht gelassen. Bei dem System der Nahkraftwerke sind, da jedes Werk 4 Turbinen erhalten soll, theoretisch, d. h. wenn alle Werke neu errichtet würden, $4 \times 150 = 600$ — in der Praxis also jedenfalls noch viel mehr — Turbinen mit ihren Kesseln und allen Zubehöranlagen dauernd zu bedienen und zu unterhalten, beim Klingenbergschen System nur $5 \times 25 = 125$ Maschinenanlagen. Zudem lassen sich bei Großkraftwerken wesentlich mehr maschinelle und Arbeitskräfte sparende Hilfsanlagen schaffen, als bei kleineren Betrieben. Auch der von jedem einzelnen Betriebe nicht zu trennende Verwaltungsapparat vermindert sich im Verhältnis von etwa $150 : 15$. Die Personalersparnisse werden bei dem System der Fernkraftwerke also sehr bedeutend sein. Sie dürfen bei einem sachgemäßen Vergleich keinesfalls unberücksichtigt bleiben.

Schätzt man diese Tatsachen richtig ein, so ist es dagegen von unter- c) Die Kohlen-
ersparnisse. geordneter Bedeutung, ob durch die großen Maschineneinheiten der Fernkraftwerke wirklich nicht größere Kohlenersparnisse, als sie Voigt mit einem halben Pfennig für die Kilowattstunde annimmt, erzielt werden. Seiner Behauptung aber (V 2, S. 14), daß diese Kohlenersparnis durch die Verluste in den 100 000-Volt-Leitungen für das Fernsystem wieder hinfällig wird, muß entschieden entgegengetreten werden. Denn, wie gezeigt wurde, müssen die für die Verkuppelung der Nahkraftwerke erforderlich werdenden 30 000-Volt-Leitungen und die in diesen auftretenden Verluste ebenfalls mit berücksichtigt werden. Sie dürften aber kaum kleiner als diejenigen in den 100 000-Volt-Leitungen ausfallen.

Die weitaus größten Ersparnisse an Kohlen und das größte Herabgehen der gesamten Gestehungskosten überhaupt wird bei den Fernkraftwerken dadurch erzielt werden, daß bei diesem System eine weit innigere „Durchmischung des Stromabsatzes“ und infolgedessen ein weit besserer Ausnutzungsfaktor wie bei den Nahkraftwerken zu erreichen ist. Klingenberg erwartet, daß man durch die Durchmischung und Kuppelung mit einer Erhöhung des Ausnutzungsfaktors auf 35—40 v. H. wird rechnen können, während er gegenwärtig bei mittleren Werken nur 25—30, bei kleineren nur etwa 15 v. H. beträgt. Voigt hält diese Zahlen für viel zu optimistisch und führt zur Stützung seiner Ansicht folgendes an (IV, 2, S. 9): Es sei von acht beliebig über Deutschland verteilten Werken die durchschnittliche tägliche Ausnutzung mit derjenigen eines angenommenen, diese acht Werke ersetzenden Großkraftwerkes verglichen worden, und es hätte sich dabei nur eine Verbesserung von wenigen Prozent ergeben. Da weder die Namen der untersuchten Werke noch irgendwelche näheren Zahlen angegeben sind, kann man sich kein Urteil über die Beweiskraft dieses Vergleiches bilden. Voigt schätzt sie auch selbst nicht sehr hoch ein, indem er sagt: „Dieses Beispiel soll in keiner Weise gegen die Möglichkeit einer künftigen erhöhten Ausnutzung der Elektrizitätswerke Zeugnis ablegen." Es möge an dieser Stelle ein anderes Beispiel angeführt werden dafür, wie günstig die Durchmischung des Stromabsatzes auf das Herabgehen der gesamten Gestehungskosten einwirkt, und zwar an Hand bestimmter, dem praktischen Betriebe entnommener Zahlenwerte.

[1]) Ein Beispiel aus der Praxis für den günstigen Einfluß der „Durchmischung des Absatzes".

Als letzte der deutschen Großstädte ging die Stadt Köln im Jahre 1902 zur Einführung des elektrischen Betriebes auf ihren Straßenbahnen über. An Hand der sehr ausführlichen und übersichtlichen Jahresberichte des städtischen Elektrizitätswerkes konnte der Einfluß dieses wichtigen Großabnehmers auf das Herabgehen der Erzeugungskosten zweifelsfrei nachgewiesen werden, indem die Selbstkosten während je eines vierjährigen Zeitraumes vor und nach Inbetriebnahme der elektrischen Bahn untersucht wurden.

In den vier Jahren vor der Bahneröffnung schwankten die Kapitalkosten zwischen 6,57 und 8,57 Pf. für die nutzbar abgegebene Kilowattstunde hin und her und betrugen in vierjährigem Durchschnitt 7,8 Pf.; in dem ersten vollen Betriebsjahre der Bahnstromabgabe aber fielen sie sofort auf 2,2 Pf. herab, um dann gleichmäßig weiter bis auf 1,79 Pf. zu sinken, im vierjährigen Durchschnitt betrugen sie 2,25 Pf. gegen 7,80 Pf. vor der Bahneröffnung. Dabei ist wohl zu beachten, daß das Werk in dem Jahre vor der Bahneröffnung nicht über besonders große Reserven verfügte, so daß es die starke Bahnstromabgabe etwa nur durch eine bessere Ausnutzung der vorhandenen Betriebsmittel hätte decken können, es waren vielmehr volle Neuanlagen für die Bahnstromversorgung notwendig und es stieg durch diese das gesamte, in dem Werke angelegte Kapital um 5 Millionen Mark; denn vor der Bahneröffnung betrug es im Durchschnitt der vier Jahre 3,55 Millionen Mark, in den vier Jahren nach der Bahneröffnung aber 8,45 Millionen, es erhöhte sich also um rund 140%, während die Kapitalkosten für eine nutzbar abgegebene Kilowattstunde von 7,8 auf 2,25 Pf., also um 71% fielen.

Der Einfluß dieser „Abgabedurchmischung" auf die direkten Betriebskosten geht aus folgender Zusammenstellung hervor:
es sanken: die Kohlenkosten für eine nutzbar abgegebene

Kilowattstunde von	4,3 auf	2,5 Pf.
die Betriebslöhne von	1,7 auf	0,9 Pf.
die Betriebsmaterialien und Unterhaltungs-		
kosten von	1,2 auf	0,7 Pf.
die kleinen Ausgaben von	0,6 auf	0,2 Pf.
es sank die Summe der direkten Betriebskosten von	7,8 auf	4,8 Pf.

also um 45%.

Die gesamten Gestehungskosten, also Kapitalkosten plus direkten Betriebskosten, sanken von 15,6 auf 6,6 Pf., also um 58%.

Dies höchst günstige Ergebnis ist ausschließlich der weit besseren Ausnutzung des Werkes durch das Hinzutreten eines neuen Abnehmers mit wesentlich anders gestalteter Belastungskurve zuzuschreiben.

Je größer das Absatzgebiet eines Kraftwerkes ist, um so eher werden sich Abnehmer mit verschiedenartigen Belastungskurven gewinnen lassen. Die Großkraftwerke mit ihren Landesnetzen werden daher schon allein aus diesem Grunde wesentlich günstiger als die Nahkraftwerke mit ihren räumlich beschränkten Absatzgebieten arbeiten.

Betrachtet man z. B. das Gebiet von Groß-Berlin. Wie verschiedenartig hier in den einzelnen Teilen die Licht- und Kraftbedürfnisse sind, braucht wohl nicht näher auseinandergesetzt zu werden. Auf dieses Gebiet arbeiten gegenwärtig etwa 15 voneinander völlig unabhängige Unternehmungen. Welche Summen könnten hier allein infolge der eintretenden Durchmischung des Absatzes erspart werden, wenn das gesamte Gebiet, einschließlich der ländlichen Umgebung, von zwei oder drei wirklichen Großkraftwerken einheitlich ver-sorgt werden würde. Sollte es nicht möglich sein, zunächst wenigstens, ein gemeinsames Sammel-netz zu schaffen und zu verhindern, daß die Er-weiterung der 15 Werke immer wieder planlos, ohne jedes gegenseitige Einvernehmen, geschieht?

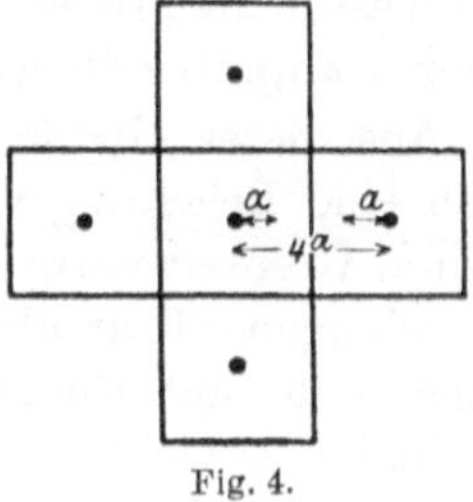

e) Die Ver-schiebung der Belastungen.

Fig. 4.

Neben der Durchmischung des Absatzes kann bei verkuppelten Werken auch noch eine weitere Maßnahme zu einem sehr beträchtlichen Herab-gehen der Gestehungskosten führen, nämlich eine sachgemäße Verteilung der Belastung auf die einzelnen Werke in der Art, daß in den Zeiten des schwachen Verbrauches, besonders also während der Nacht, einzelne Werke teilweise oder auch ganz still-gesetzt und ihre Absatzgebiete von einem benachbarten Werke aus mit versorgt werden.

Der Einwand, daß die dadurch erzielten Vorteile infolge des größeren Energieverlustes in den langen Kuppelungsleitungen wieder aufgehoben würden, erweist sich bei näherer Prüfung als nicht berechtigt. Eine ein-fache Überlegung zeigt vielmehr, daß, wenn außerhalb des Hauptbe-darfes ein Werk den Verbrauch eines benachbarten gänzlich mit über-nimmt, die gesamten für letzteres Werk in Betracht kommenden Leitungsverluste nie größer als das $\dfrac{m+1}{n}$ fache desjenigen Verlustes werden können, welcher in dem stillgesetzten Werke zur Zeit seiner Höchstbelastung auftrat, wenn die Entfernung beider Werke das m fache des Versorgungsradius der Einzelkraftwerke beträgt, und wenn der Verbrauch der Werke während der Zeiten der Ergänzung auf den $n$ten Teil des abendlichen Höchstverbrauches gesunken ist.

Liegen die Werke beispielsweise in der Anordnung der Figur 4 und haben sie alle gleiche Belastung, so ist der Versorgungsradius der Einzelwerke $= a$, die Entfernung der sich ergänzenden Werke aber $= 4\,a$, es ist also $m = 4$. Beträgt z. B. während der Nacht die Höchstbelastung nur $^1/_5$ der Abendbelastung, so ist $n = 5$ und der Wert $\dfrac{m+1}{n}$ wird $\dfrac{4+1}{5} = 1$, d. h. wird ein Werk ganz stillgesetzt und sein Absatzgebiet von einem benachbarten Werke aus versorgt, so werden die Leitungsverluste in diesem Versorgungsgebiet zuzüglich derjenigen in der Kuppelungsleitung nicht größer, als sie beim Einzelbetrieb der Werke während der Hauptbelastungen in den Abendstunden waren. Wenn aber $n = 5$ ist, so kann das zentral gelegene Werk außer seinem eigenen Gebiet noch diejenigen von vier Nachbarwerken versorgen; die Krafterzeugung dieser vier Werke kann mithin während dieser Zeit ganz ruhen, und doch werden die gesamten innerhalb dieses Systems auftretenden Leitungsverluste nicht größer, als beim Einzelbetrieb aller fünf Werke zur Zeit ihrer Hauptabendbelastung.

Aus dieser Überlegung und Berechnung geht deutlich hervor, daß man eine Belastungsverschiebung und gegenseitige Ergänzung in sehr weiten Grenzen vornehmen kann, ohne zu unwirtschaftlichen Verlusten zu gelangen. Klar aber ist es auch, daß man eine derartige Verschiebung schon mit Rücksicht auf die hierfür erforderlichen Verwaltungsmaßnahmen viel leichter bei dem Fernsystem mit seinen wenigen, einer einheitlichen Leitung unterstehenden Kraftwerken, als bei den zahlreichen, voneinander unabhängigen Verwaltungen der Nahkraftwerke wird durchführen können.

Ein Herabdrücken der Gestehungskosten, selbst um Zehntelpfennige, ist für alle Elektrizitätswerke, abgesehen von kleinen Lichtwerken, von größter Wichtigkeit, denn großindustrielle Anlagen können nur bei sehr niedrigen Strompreisen zum Anschlusse bewogen werden, und ohne solche Anschlüsse wiederum können Elektrizitätswerke, wie auch Voigt zugibt (II, 5, letzter Absatz), weder große, billig zu beschaffende Maschinensätze aufstellen, noch sie mit günstigem Kohlenverbrauch betreiben.

Eine bisher zu wenig beachtete Gefahr bringt freilich der Anschluß sehr großer Industrien mit sich. Durch das Abspringen eines solchen Betriebes kann ein mittleres Elektrizitätswerk auf Jahre hinaus unrentabel werden, da es seine Anlagen nicht mehr genügend auszunutzen vermag. Die Gefahr wird naturgemäß um so kleiner, je größer die Anlagen des Elektrizitätswerkes im Verhältnis zu denjenigen des Großabnehmers sind. Beim Fernkraftsystem verschwindet diese Gefahr fast vollkommen.

4. Die Anlagekapitalien.

Werfen wir noch einen Blick auf die für beide Systeme erforderlichen Anlagekapitalien. Eine zahlenmäßige Feststellung des Gesamtaufwandes hat, ganz abgesehen davon, daß man gegenwärtig bezüglich der zugrunde zu legenden Preise völlig im ungewissen ist, überhaupt wenig Wert, denn keins der beiden Gebilde wird in der Praxis jemals in seiner Gesamtheit verwirklicht werden. Stellt man aber einen solchen Zahlenvergleich an, dann genügen die von Voigt (IV, 11, S. 13) aufgeführten Einwände keineswegs, um die von ihm angenommene 30%ige Erhöhung der Klingenbergschen Zahlen zu rechtfertigen. Außer dieser Erhöhung aber belastet Voigt das Fernkraftsystem noch mit 200 Millionen Mark für die Mittelspannungsleitungen und schließlich noch mit weiteren 100—200 Millionen für diejenigen Einrichtungen, welche die einzelnen Ortswerke beim Anschlusse an das Großkraftsystem für eigene Rechnung schaffen müssen. Auf diese Weise kommt er zu einem Kapitalbedarf von $1^1/_2$ Milliarden gegenüber den von Klingenberg angenommenen 900 Millionen Mark, bedenkt aber dabei gar nicht, daß, wenn man den Kapitalbedarf der Mittelspannungsleitungen und Ortswerkeinrichtungen mit berücksichtigt, natürlich auch für die Einnahmen ganz andere Zahlen zugrunde gelegt werden müssen, da die Großkraftwerke den Strom dann ja nicht mehr, wie Klingenberg annimmt, in der Hochspannung, sondern in der Mittelspannung verkaufen. Der aus dem Kapitalvergleich von Voigt gezogene Schluß bezüglich der Unwirtschaftlichkeit der Fernkraftwerke ist daher verfehlt.

5. Die Betriebssicherheit.

Ein beachtenswerter Einwand, welcher schon häufig und von verschiedenen Seiten erhoben worden ist, richtet sich gegen die geringere Betriebssicherheit der wenigen Großkraftwerke und der 100 000-Volt-Leitungen; durch die Erfahrungen des Krieges scheinen diese Bedenken noch schwerwiegender geworden zu sein. Bei eingehender sachgemäßer Prüfung wird man aber doch finden, daß die Einwände nicht berechtigt sind. Die Annahme z. B., daß durch eine Erhöhung der Spannung die Leitungen betriebsunsicherer werden, entspricht nicht den in der Praxis gemachten Erfahrungen. Diese Ansicht ist wohl darauf zurückzuführen, daß jedes neue System bei seiner Einführung zunächst gewisse Kinderkrankheiten durchzumachen hat, die aber nicht in dem System selbst, sondern in seiner Neuheit begründet sind. Bei den 100 000-Volt-Leitungen ist man aber heute bereits über diese Kinderkrankheiten hinaus. Die Betriebssicherheit einer Fernleitung nimmt im Gegenteil mit der Spannung zu. Am unsichersten sind zweifellos die Leitungen von wenigen Tausend Volt, bei denen man schwache Holz-

maste, direkt eingeschraubte Isolatoren und keine Erdungsseile verwendet; weit sicherer schon ist das Weitspannungssystem mit kräftigen
einbetonierten Eisenmasten, Isolatorenträgern besonderer Konstruktion und Erdungsseilen, wie sie für einige 10 000 Volt gebräuchlich sind,
und einen weiteren sehr wesentlichen Fortschritt bezüglich der Sicherheit stellen die Hängeisolatoren, die für die 100 000-Volt-Leitungen allein
in Betracht kommen, dar.

Von ganz besonderer Bedeutung für die Betriebssicherheit ist es
auch, daß bei einem einheitlich geleiteten und nach einheitlichen
Grundsätzen gebauten, allgemeinen Hochspannungslandesnetze vorkommende Fehler und Beschädigungen weit schneller beseitigt werden
können, als wenn 150 Verwaltungen der einzelnen Nahkraftwerke für
ihre nach ihren eigenen Ideen ausgebaute Netze eigene besondere
Reserveteile und eigene Aufsichts- und Reparaturkolonnen benutzen.
Über die Kriegserfahrungen wird man heute noch kein sicheres Urteil
fällen können, doch scheint die Zerstörung von Leitungen durch Flieger
recht schwierig zu sein, so daß hier keine besonderen Gefahren drohen
werden. Die Werke selbst aber wird man durch Abwehrmaßnahmen um
so sicherer schützen können, je kleiner ihre Anzahl ist. Die Hauptsicherheit aber bietet natürlich bei dem Fernkraftsystem die weitgehend durchgeführte Verkuppelung; ein Vergleich zwischen beiden Systemen hinsichtlich ihrer Sicherheit hat daher nur Sinn, wenn man, auch bei den Nahkraftwerken, die im vorhergehenden beschriebene Kuppelung voll durchführt.

6. Die Gewinnung der Nebenprodukte bei der Elektrizitätserzeugung.

Zum Schlusse des Vergleiches der Fern- und Nahkraftwerke sei
noch auf die Gewinnung der Nebenprodukte aus der Kohle beim Betriebe von Elektrizitätswerken und die dadurch vielleicht zu erzielende
Verminderung der Gestehungskosten kurz hingewiesen. Spruchreif ist
dieses Problem freilich noch keineswegs, und es läßt sich noch nicht
übersehen, ob eine bedeutende Verbilligung der Erzeugungskosten
dadurch möglich sein wird. So viel aber kann man heute wohl schon
sagen, daß, wenn hier nennenswerte Erfolge erzielt werden sollen, die
Großkraftwerke sich hierfür besser als die Nahkraftwerke eignen. Die
Angliederung einer chemischen Fabrik — denn anders läßt die Nebenproduktgewinnung sich nicht durchführen — ist bei Werken von der
Größenordnung der Voigtschen Nahkraftwerke mit wirtschaftlichem Erfolge kaum zu ermöglichen. Für eine solche chemische Fabrik ausschlaggebend ist auch eine möglichst gleichmäßige Belastung des Elektrizitätswerkes, damit die gewonnenen Nebenprodukte regelmäßig weiterverarbeitet werden können. Bei dem System der Fernkraftwerke sollen
ja aber einige derselben stets mit fast gleichmäßiger Belastung betrieben
werden, während die Spitzendeckung tunlichst von anderen auf das

allgemeine Landesnetz arbeitenden Quellen übernommen werden soll. Auch der Vereinigung einzelner dieser Werke mit Gasanstalten, deren Weiterentwickelung gleichfalls auf wenige Großanlagen mit Fernversorgungsnetzen hindrängt, steht durchaus nichts im Wege, sondern erscheint wünschenswert und wahrscheinlich.

Die bisherigen Betrachtungen haben gezeigt, daß mit fortschreitender Kultur das Streben darauf gerichtet ist, die menschlichen und tierischen Arbeitskräfte immer mehr auszuschalten, daß bei ihrem Ersatz der elektrischen Energie eine immer bedeutungsvollere Rolle zufällt, und daß die weitere Durchbildung der elektrischen Kraftversorgung zu immer größeren Einheiten der Erzeugungsanlagen und einem das ganze Land überspannenden Kraftsammelnetze führt. Das Bild dieser Entwickelung wäre aber nicht vollständig, wenn man nicht auch derjenigen Krafterzeugungsanlagen gedenken wollte, welche sich der Einordnung in die einheitliche Kraftversorgung einstweilen und wohl auch noch für längere Zeiten entziehen und die Einzelkraftstätte als die wirtschaftlichste Lösung des Kraftversorgungsproblems erscheinen lassen.

III. Die Einzelkraftstätten.
1. Im Verkehrswesen.

Bei der Lastenbeförderung, also im Verkehrswesen, hat sich Menschen- und Tierkraft am längsten und ausgiebigsten erhalten, und auf diesem Gebiete wird auch die Einzelkraftstätte am längsten von Bedeutung bleiben. Denn, wenn es auch gelingt, die Kraftversorgung des mittels der Schienenstränge an ganz feste Linien gebundenen Verkehrs zu zentralisieren — durch eine Elektrifizierung der Bahnen —, so wird für den Zubringer — den Orts- und Kleinverkehr — der Antrieb doch der Einzelkraftstätte verbleiben, und zwar wird hier aller Voraussicht nach der Ölmotor das Feld behaupten. Seine, gerade während der letzten Jahre hervorragend fortgeschrittene Durchbildung wird ihn befähigen, die Menschen- und Tierkraft auch auf diesem Gebiete schnell zurückzudrängen. Neben ihm aber wird auch der Elektromotor weitere Verbreitung finden. Die im letzten Jahrzehnt gesammelten Erfahrungen lassen dies erhoffen. Es sei nur daran erinnert, daß gegenwärtig auf den deutschen Eisenbahnen bereits 192 Akkumulatoren-Triebwagen laufen. Dazu kommt, daß die Umformungs- und Ladevorrichtungen durch die Ausbildung ruhender und keiner Wartung bedürfender Typen sehr viel einfacher geworden ist, so daß der Akkumulatorenbetrieb auch für kleinere Gefährte, wie Personenwagen, Krankenstühle, Lastkarren für Transporte innerhalb der Fabrik oder der Bahnhöfe, wirtschaftlich geworden ist.

In allen diesen Fällen tritt die Einzelkraftstätte noch als Abnehmer der zentralisierten Kraftversorgung auf. Doch auch dort, wo ein Kraftbezug nicht mehr möglich ist, z. B. beim Überseeverkehr, beginnt die Elektrizität als Übertragungsmittel Bedeutung zu gewinnen. Unsere Ozeanriesen, mögen sie nun dem Kriege oder friedlichen Zwecken dienen, bergen heute bereits ganz gewaltige elektrische Zentralstationen für die allgemeine Licht- und Kraftversorgung in sich, und doch würde auch hier die Elektrizitätsverwendung erst im Anfangsstadium stehen, wenn der schon mehrfach versuchte Antrieb der Schiffsschrauben durch elektrische Kraftübertragung sich bewähren und einführen sollte. Schwimmende Einzelkraftstätten würden alsdann entstehen, die den Landeskraftwerken ebenbürtig zur Seite treten können.

2. Im Kleingewerbe.

Daß infolge der Verbesserung des Ölmotors, wie Professor Riedler[1]) glaubt und anregt, auch der Handwerker und Kleingewerbetreibende wieder zur Einzelkraftstätte zurückkehren wird, wenn ihm ein Kraftbezug möglich wäre, ist kaum anzunehmen. Es soll keineswegs geleugnet werden, daß der Ölmotor unter Umständen, nämlich wenn es sich um wirkliche Dauerbetriebe, die stets unter Vollast arbeiten, handelt, die rechnerisch billigste Betriebskraft darstellt. Der sich zum Gewerbetreibenden entwickelte Handwerker aber schätzt die zahlenmäßig nicht zu fassenden mittelbaren Vorzüge seiner Antriebskraft noch höher als der Großindustrielle ein, da er zu ihr in einem sozusagen weit innigeren persönlichen Verhältnisse als jener steht. Der Elektromotor ist tatsächlich der beste Geselle des Handwerkers und wird es auch bleiben. Immer wieder hervorgehoben muß werden, daß die Belastung der Arbeitsmaschinen im Kleingewerbe fast stets eine sehr stark schwankende ist, so daß man bei einem Vergleiche der Gesamtkosten des elektrischen und des Ölmotorantriebes zu vollkommen falschen Schlüssen gelangt, wenn man die Arbeitszeiten der Maschinen einfach mit der Größe ihres Antriebsmotors multipliziert, ohne einen den tatsächlichen Verhältnissen angepaßten Belastungsfaktor einzuführen. Vergleiche, die mit 3000 Betriebsstunden rechnen, sind von vornherein verfehlt.

3. In der Landwirtschaft.

Günstiger für die einzelne Kraftstätte liegen die Verhältnisse in der Landwirtschaft. Wenn man hier auch, wie wir vorher gesehen haben, noch auf eine ganz bedeutende Steigerung der Stromentnahme aus den Elektrizitätswerken rechnen kann, so wird der Motor mit Eigenkraft, und zwar Lokomobile wie Ölmotor, doch noch lange nicht ganz zu ver-

---

[1]) Vgl. „Berliner Tageblatt" vom 24. Dez. 1916, Nr. 856.

drängen sein, wenigstens dort, wo es sich um nicht ortsfeste Arbeitsmaschinen handelt, wie beim Pfluge und den übrigen Ackerbearbeitungs-
geräten und zum Teil auch beim Dreschen. Die freie Beweglichkeit der
Eigenkraftmaschine wird ihr hier häufig den Vorrang sichern. In
den Fällen aber, in denen die beiden wichtigsten Arbeitsgebiete des
Landwirtes der Elektrizität nicht zu gewinnen sind, wird ein Anschluß
des betreffenden Gutes an die Leitungen des nächsten Großkraftwerkes
nicht mehr wirtschaftlich sein, selbst wenn das allgemeine Kuppelungs-
netz schon engmaschig durchgebildet ist. Die Einzelkraftstätte wird
dann, auch für Licht- und Kleinkraft, einstweilen das Gegebene bleiben.

4. Ein Beispiel für die Anwendung der drei Kraftversorgungssysteme: Ostpreußen.

Die Kraftversorgung großer, überwiegend landwirtschaftlicher Gebiete bildet das beste Beispiel dafür, daß ein Nebeneinanderbestehen
aller drei Kraftversorgungsarten berechtigt und wirtschaftlich sein kann.
Da für ein derartiges Gebiet, nämlich die Provinz Ostpreußen, gegenwärtig die Kraftversorgungspläne in Bearbeitung sind und das Interesse
weiter Kreise auf sich gelenkt haben, möge auf die hier zu lösende besondere Aufgabe noch kurz hingewiesen werden[1]).

Seit dem Jahre 1910 hat die Provinzialverwaltung sich mit der einheitlichen Versorgung ihres Gesamtgebietes beschäftigt und festgestellt,
daß bei einer Elektrizitätssättigung der Provinz mit einer Jahresabgabe
von rund 100 Millionen KWh bei einem gleichzeitigen Höchstverbrauche
von 55 000 KW gerechnet werden könne. Da Klingenberg eine Größenordnung von 80—100 000 KW bei den Fernkraftwerken annimmt,
so würde ein solches Werk für die ganze Provinz reichlich genügen.

Die Bedeutung eines von hier ausgehenden allgemeinen Hochvoltnetzes als Kraftsammelstelle tritt in Ostpreußen besonders deutlich
zutage. Denn in ihren Seen und Torfmooren verfügt die Provinz über
recht ansehnliche Kraftquellen, die für die Schaffung eines einzigen
Großkraftwerkes allerdings nicht geeignet sind, bei einer Aufahme
ihrer Erzeugung in das allgemeine Kraftsammelnetz aber wertvolle
Dienste leisten würden.

Konnte man schon vor dem Kriege geteilter Meinung darüber sein,
ob der von der Provinzialverwaltung nach dem Muster von Pommern aufgestellte Plan für Ostpreußen mit seinen wesentlich ungünstigeren Absatz-
verhältnissen die wirtschaftlich günstigste Lösung darstellt, so haben
heute die entgegenstehenden Bedenken wesentlich an Bedeutung gewonnen.

Einmal werden die erforderlichen Anlagekapitalien jetzt sehr viel

---

[1]) Näheres vgl. Prof. Rößler, Danzig: E. T. Z., Heft 36, 1916 und Ostpr. Heimat,
Heft 17, 1916 und meine Untersuchungen E. T. Z., Heft 41, 1915 und Ostpr.
Heimat, Heft 3, 1916 und Heft 20, 1916.

höhere werden, als seinerzeit berechnet, sodann aber haben sich die Absatzverhältnisse inzwischen bedeutend verschlechtert. Mit Hilfe der Kriegsbeihilfen sind auf zahlreichen Gütern neuzeitlich eingerichtete Einzelkraftstätten zum Pflügen, Dreschen usw. entstanden. Bis diese Anlagen abgenutzt sind, ist aber an eine Gewinnung ihres Kraftbedarfes für die Elektrizität nicht zu denken; die betreffenden Güter fallen daher als Abnehmer überhaupt fort, da es fast nie möglich sein wird, nur für den Licht- und Kleinkraftbedarf die langen Landleitungen zu bauen. Doch auch andere Abnehmer sind inzwischen verlorengegangen oder werden noch verlorengehen, bis es möglich sein wird, die allgemeine Elektrizitätsversorgung durchzuführen.

Es sind dieses die kleineren und mittleren Städte, welche vor allem im Interesse ihrer Handwerker und Gewerbetreibenden mit der Beschaffung der Elektrizität nicht warten können, bis sie von betriebsfähigen Leitungen der allgemeinen Kraftversorgung erreicht werden. Auch die großen Güter werden das elektrische Licht und die elektrischen Kleinmotoren nicht mehr missen wollen und werden unter möglichster Ausnutzung der neuerhaltenen Lokomobilen und sonstigen Kraftmaschinen zur Schaffung kleiner elektrischer Anlagen übergehen.

Eine eingehende, ohne Voreingenommenheit durchgeführte Prüfung wird ergeben, daß Ostpreußen unter den heutigen Verhältnissen noch nicht einmal für das System der Nahkraftwerke reif ist, daß vielmehr die Errichtung von Einzelkraftstätten und der Bau kleiner und kleinster öffentlicher Elektrizitätswerke hier den wirtschaftlich besten Erfolg verspricht.

Und doch ist die dem Fernkraftsystem zugrunde liegende Idee auch für die Versorgung dieses Landteiles keineswegs fruchtlos geblieben. Sie wird vielmehr den Bau der Kleinkraftwerke ausschlaggebend beeinflussen. Es darf keine Eigenkraftstätte und auch kein größeres Elektrizitätswerk entstehen, welches nicht später mit möglichst einfachen Mitteln und ohne Werte zu vernichten, dem Rahmen der allgemeinen Landesversorgung angepaßt werden kann.

Vorsorge hierfür hat die Provinzialverwaltung bereits getroffen, indem sie sich ein äußerst weitgehendes und einschneidendes Aufsichtsrecht über alle neuen oder sich erweiternden Elektrizitätsunternehmungen hat erteilen lassen, und zwar ohne jeden gesetzlichen oder sonstigen staatlichen Zwang, einfach dadurch, daß sie allen Unternehmungen, die sich nicht von vornherein dem Rahmen des von ihr aufgestellten Gesamtplanes einfügen, jede geldliche Unterstützung versagt, ihnen aber bedeutende Mittel und sonstige Hilfeleistungen gewährt, falls sie sich zur strengen Einhaltung der von ihr aufgestellten Bedingungen verpflichten. Bei der finanziellen Notlage der Städte und Kreise der Provinz wird dieses Mittel seinen heilsamen Einfluß auf die Gesamtinteressen wohl nicht verfehlen.

Zusammenfassung und Schlußfolgerungen.

Die vorstehenden Ausführungen lassen sich in folgende Leitsätze zusammenfassen:

1. Ein System von Nahkraftwerken kann nicht als das Endziel der Entwicklung einer wirtschaftlichen Elektrizitätsversorgung angesehen werden. Der zu erwartenden starken Steigerung des Kraftbedarfes vermag vielmehr nur ein planmäßig das ganze Land durchziehendes Hochvoltnetz zu genügen, das von wenigen Großkraftwerken gespeist wird und als Sammelbecken zur Aufnahme örtlicher Kraftquellen jeder Art und aller Überschußkräfte dient.

In Verbindung mit einem Hochvoltnetz gewinnt der Ausbau der großen in Deutschland noch vorhandenen und billig zu gewinnenden Wasserkräfte ganz besondere Bedeutung. Ihre möglichst schnelle Verwertung ist auch notwendig, um einer vorzeitigen Erschöpfung der mitten im Lande gelegenen und infolgedessen als Kriegsreserve unersetzbaren Braunkohlenvorkommen vorzubeugen.

2. Um diesem Endziele näher zu kommen, sind zunächst die bestehenden größeren Elektrizitätserzeugungsanlagen, sofern sie günstig arbeiten, miteinander zu verkuppeln. Unwirtschaftlich arbeitende Werke aber sind möglichst bald stillzusetzen.

3. Trotzdem ist die Errichtung kleiner Elektrizitätswerke nicht unter allen Umständen von der Hand zu weisen. Um kleine Ortschaften in rein landwirtschaftlichen Gegenden oder auch große Güter, welche mit neuen Antriebsmotoren für das Pflügen und Dreschen ausgerüstet sind, mit Licht und Kleinkraft zu versorgen, können sie die wirtschaftlichste Lösung darstellen.

4. Die wichtigste und unter allen Umständen durchzuführende Maßnahme aber ist folgende: Kein öffentliches Elektrizitätswerk darf erweitert, kein neues errichtet werden, ohne daß diese Anlagen einem vorher aufzustellenden Plane für eine einheitliche Gesamtversorgung der betreffenden Gegend angepaßt sind. Ihre Aufnahme in das spätere gemeinsame Hochvolt-Landesnetz, sei es zur Stromentnahme oder zur Stromabgabe oder auch abwechselnd zu beiden Zwecken, muß unter möglichst geringfügiger Vernichtung vorhandener Werte jederzeit erfolgen können.

5. Neben der elektrischen Kraftübertragung von zentralen Krafterzeugungsstellen aus werden in besonderen Einzelfällen auch Einzelkraftstätten, voraussichtlich mit Ölmotoren, ihre Berechtigung beibehalten. Im besonderen werden hierbei einzelne Gebiete des Transportwesens und der Landwirtschaft in Frage kommen, während sie für die Versorgung der Großindustrie, des Handwerks und Gewerbes keine große Bedeutung gewinnen werden.

Anhang.

Zusammenstellung der im Vorworte erwähnten beachtenswerten Aufsätze über die Klingenbergschen Vorschläge[1]).

I.
Elektrische Großwirtschaft unter staatlicher Mitwirkung.

Von Kgl. Baurat G. Soberski, Berlin-Wilmersdorf[2]).

Herr Professor Dr. Klingenberg, welcher schon mehrfach Fragen der
Elektrizitätswirtschaft sowie der Elektrizitätsversorgung großer Städte und
ganzer Bezirke behandelt und auch in einem besonderen Werke („Bau großer
Elektrizitätswerke") die Richtlinien für den Bau großer elektrischer Kraftwerke
zusammengestellt hat, erörterte am 3. Juni d. J. auf der 23. Jahresversammlung des Verbandes Deutscher Elektrotechniker zu Frankfurt a. M.
in einem Vortrage die technischen und wirtschaftlichen Grundlagen der elektrischen Großwirtschaft und insbesondere den Wert und zweckmäßigen Umfang
einer staatlichen Mitwirkung bei derselben.

Er ging davon aus, daß die rechtliche Grundlage der jetzigen Elektrizitätsversorgung Deutschlands, die Verfügung über die für die Leitungsverlegung
unentbehrlichen Straßen sich im Machtbereich der Straßeneigentümer befindet,
und dadurch die Entstehung wirklicher Großkraftwerke nur in sehr wenigen
Fällen (Berliner Elektrizitätswerke, Oberschlesische Elektrizitätswerke und das
Rheinisch-Westfälische Elektrizitätswerk) möglich war, da jeder Straßeneigentümer nur seinen eigenen Vorteil im Auge behielt und — sofern er nicht selbst
den Verkauf und die Verteilung der Elektrizität übernahm — eine möglichst
hohe Entschädigung oder Abgabe aus den Bruttoeinnahmen bzw. Überschüssen
für die Benutzung seiner Straßen zu erlangen suchte. Ob derartige Forderungen,
denen keine eigentliche Gegenleistung gegenübersteht, rechtlich zu begründen
sind, solle ununtersucht bleiben; in England kenne man sie nicht, in Deutschland seien sie aber allgemein gestellt und auch bewilligt worden. Selbst die
Elektrizitätsversorgung großer deutscher Städte wie Frankfurt a. M. und Ham-
burg sowie die Vereinigung öffentlicher Körperschaften niederer Ordnung (Gemeinden, Kreise) unter sich und mit Privatunternehmungen führten unter diesen
Umständen nur zur Errichtung von Werken, die trotz ihrer teilweise recht beträchtlichen Leistungen — wie z. B. Elektrizitätswerk Mark, Elektrizitätswerk
Westfalen — doch immer noch als mittlere Werke angesprochen werden müssen
gegenüber den wirklichen Großkraftwerken, d. h. Werken von 80 000 bis 100 000 kW
Gesamtleistung in Maschineneinheiten von je 15 000 bis 20 000 kW; erst bei ihnen
werden Anlage- und Betriebskosten ein Minimum, alle bisherigen Fortschritte
auf dem Gebiete der Elektrotechnik und der ihr dienstbaren anderen Zweige der

---

[1]) Für die mir freundlichst gewährte Abdruckgenehmigung sage ich den
Verfassern meinen verbindlichsten Dank.

[2]) Abdruck aus E. K. u. B. 1916, Heft 19.

Technik voll ausgenutzt und durch ihre Verkuppelung dann letzten Endes der höchste Grad der Wirtschaftlichkeit und damit die niedrigsten Tarife erzielt. Die hierfür erforderliche Eindämmung der Sonderinteressen der Wegebesitzer sei aber nur unter Mitwirkung des Staates möglich, da er allein imstande ist, sich die erforderlichen Wegerechte zu beschaffen und die sonst noch einer großzügigen Elektrizitätswirtschaft entgegenstehenden Hindernisse zu überwinden.

Nichtsdestoweniger wäre es unrichtig, hieraus die Notwendigkeit oder Zweckmäßigkeit eines vollständigen staatlichen Elektrizitätsmonopols zu folgern; schon die mit diesem verbundenen starken Eingriffe in bestehende Rechte sollten die Ablehnung eines solchen Gedankens ausreichend begründen; es komme aber noch hinzu, daß gerade der Einzelverkauf der elektrischen Energie eine umfangreiche, fein gegliederte Organisation sowie eine Beweglichkeit verlange, wie sie sich bei der Betätigung staatlicher Dienststellen kaum erreichen lasse; es würde ferner ein umfangreiches Personal mit viel Selbständigkeit und Unabhängigkeit nötig, und dessen Eingliederung in die normalen Beamtenstellungen um so schwieriger, als der Staat die wertvolle Beteiligung dieser Beamten am Gewinn bzw. Umsatz kaum einführen könnte.

Weitere Schwierigkeiten ergäben sich für den Staat auf dem Gebiet der Tarife; von ihm würde die gleichmäßige Behandlung aller Stromverbraucher verlangt werden, während gerade eine stark differenzierte Tarifbildung unbedingt nötig ist, um immer weitere Kreise für die Verwendung der elektrischen Energie zu gewinnen und insbesondere den Wettbewerb der eigenen Energieerzeugung (in Fabriken u. dgl.) immer mehr auszuschalten.

Im übrigen habe Dr. Siegel in seiner Schrift: „Der Staat und die Elektrizitätsversorgung“ (Preußische Jahrbücher 1915) auch schon zahlenmäßig nachgewiesen, daß die völlige Monopolisierung der Elektrizitätserzeugung und -verteilung dem Staat eine große Kapitalsaufwendung (etwa 2,9 Milliarden M.) auferlegen und trotzdem nur einen demgegenüber geringen Reingewinn (etwa 37 Mill. M.) erbringen würde.

Belasse dagegen der Staat die Verteilung und den Einzelverkauf der Elektrizität in den Händen derer, die dieses Geschäft bisher besorgt haben, so würde er einerseits die vorerwähnten Schwierigkeiten und Nachteile vermeiden, sich anderseits aber der Vorteile aus der Zusammenfassung der gesamten Stromerzeugung in wenige staatliche Großkraftwerke sichern und für die Stromabgabe an die geringe Zahl von Großabnehmern mit wesentlich einfacheren Tarifen auskommen, als sie der Einzelverkauf bedingt. Nichtsdestoweniger könnte sich aber der Staat noch einen gewissen Einfluß auch auf diesen vorbehalten.

Dem genaueren, teilweise zahlenmäßigen Nachweis der Vorteile wirklicher Großkraftwerke für Dampfbetrieb und ihrer Verkuppelung untereinander widmete der Vortragende den zweiten Abschnitt seiner Ausführungen.

Abgesehen von den Kosten der Wasserbeschaffung würden die gesamten Baukosten von der örtlichen Lage eines Werkes wenig beeinflußt, wenn auch in einzelnen Teilen nicht unwesentliche Verschiedenheiten auftreten könnten; dagegen verbilligen sich die Baukosten für ein ausgebautes Kilowatt mit der Größe der Anlage erheblich; während sie ausschließlich der Transformatoranlagen, die nicht mehr zur Stromerzeugung gehören und auch bei gleicher Kraftwerksleistung je nach den örtlichen Verhältnissen große Unterschiede aufweisen können, bei kleineren Werken mit Maschineneinheiten von 1000 kW etwa 300 M.-kW betragen, beliefen sie sich bei mittleren Werken mit Maschineneinheiten von 3000 bis 5000 kW nur noch auf etwa 200 M./kW, und bei den wirklichen Großkraftwerken mit Maschineneinheiten von 15 000 bis 20 000 kW nur noch auf etwa 150 M./kW, welch letzterer Wert allerdings zweckmäßig noch einen Zuschlag (von etwa 30 M./kW) erfährt, da der Grundstückserwerb sowie etwaige Schwierigkeiten in der Wasserversorgung (Rückkühlung) und der Kohlenzufuhr bei den Großkraftwerken mehr ins Gewicht fällt als bei mittleren und kleinen Werken.

Führen schon an sich geringere Anlagekosten zu geringeren Betriebskosten, da zu diesen auch die Beträge für Verzinsung, Abschreibung und Tilgung des Anlagekapitals zu rechnen sind, so ergäben sich mit zunehmender Größe des Kraftwerkes weitere wesentliche Betriebsersparnisse durch die bessere Ausnutzung der Wärme in großen Maschineneinheiten sowie durch relativ geringere Kosten für Personal und Reserveanlagen, welch letztere etwa für 25 bis 50 Prozent der vorkommenden Spitzenbelastung ausreichen müssen. Je größer aber der Versorgungsbezirk eines Werkes, d. h. je größer dieses selbst ist, desto mehr gleiche sich durch die Verschiedenartigkeit der zu befriedigenden Strombedürfnisse die Spitzenbelastung in demselben aus, was wiederum eine Ersparnis an Anlagekosten im Gefolge habe. Außer der Verminderung der Spitzenbelastung lassen sich aber auch in Großkraftwerken — namentlich wenn, wie schon erwähnt, mehrere solcher Werke miteinander verkuppelt werden — überhaupt eine wesentlich bessere Belastung erzielen; man könne unter solchen Verhältnissen zu einem „Ausnutzungsfaktor" von 35 bis 40 Prozent kommen gegenüber 25 bis 30 Prozent bei mittleren und 15 Prozent bei kleinen Werken. Die Verbesserung des Ausnutzungsfaktors aber könne leicht andere Nachteile ausgleichen und ein Werk mit an sich höheren Betriebskosten gegen ein anderes mit niedrigeren Betriebskosten wettbewerbsfähig machen.

In Zusammenfassung aller angeführten Vorteile kommt Klingenberg zu dem Ergebnis, daß ein Großkraftwerk den Strom unter den gewöhnlichen Verhältnissen um rund 40 Prozent billiger als ein mittleres Werk und dreimal billiger als ein kleines Werk erzeugen könne. Die örtliche Lage des Werkes beeinflusse die Betriebskosten nur hinsichtlich der Brennstoffkosten, die — wie schon erwähnt — prozentual mit der Größe des Werkes abnehmen; absolut genommen würden die Brennstoffkosten bei den für Deutschland hauptsächlich in Betracht kommenden Kohlensorten unter möglichster Vermeidung aller Transportkosten, also bei Errichtung der Werke am Gewinnungsort der Kohlen, am geringsten bei Verwendung von Bitterfelder Rohbraunkohle; es ergäbe sich damit ein Wärmepreis von nur 0,7 Pf. für 10 000 WE, während sich derselbe z. B. für die Oberschlesischen Elektrizitätswerke bei Verfeuerung einer Steinkohle von 6000 WE Heizwert und einem Preise derselben von rund 5,50 M./t zu 0,91 Pf. ergibt und ein sehr gutes Resultat für Steinkohle im allgemeinen darstellt.

Allerdings bleibe die Art der zu verwendenden Kohle auch nicht ohne Einfluß auf die Anlagekosten und auf den Wirkungsgrad der Verfeuerung; für minderwertige Kohlen werden erstere höher (für hochwertige Steinkohle 170 M./kW, für minderwertige Braunkohle 190 M./kW), letzterer geringer (80 Prozent bei guter Steinkohle, 76 Prozent bei schlechter Braunkohle). Im allgemeinen seien aber die Brennstoffkosten überhaupt nicht von so entscheidendem Einfluß, wie vielfach angenommen wird, und Unterschiede in denselben ließen sich oft leicht durch Erzielung günstigerer Maschinenbelastungen ausgleichen.

Da große Kraftwerke große Versorgungsgebiete zur Voraussetzung haben, so komme bei denselben neben den Anlage- und Betriebskosten der Krafterzeugungsstation eine große Bedeutung auch den Fortleitungskosten des elektrischen Stromes zu, die wesentlich von der Wahl der sog. „wirtschaftlichen" Spannung abhängen. Als solche bezeichnete Klingenberg nach Berechnung und Erfahrung die Spannung von 100 000 V, als günstigste Mastentfernung dabei 200 bis 240 m, als zweckmäßigste Belastung des Gestänges diejenige durch zwei Stromkreise und als günstigste Leitungsquerschnitte 70 oder 95 qmm; dem größeren Leitungsquerschnitt hafte jedoch der Nachteil an, daß er längere Zeit nicht voll ausgenutzt sein werde und schwerere Gestänge bedinge.

Die Fortleitungskosten für 1 kWh seien in wesentlich höherem Maße von den örtlichen Verhältnissen abhängig als die Erzeugungskosten im Kraftwerk; von besonderem Einfluß sei dabei das Verhältnis zwischen den Kosten für die Transformatoranlagen und die Hochspannungsleitungen, das wiederum von der Länge des Transportweges für die einzelnen Teile der erzeugten Strommenge abhängt; auch hier könne der Belastungsfaktor des Werkes einen großen Einfluß ausüben.

Für die anzustrebende Verkuppelung der Großkraftwerke erörterte Klingenberg dann die Fragen der Abgrenzung der Versorgungsgebiete für Werke mit verschiedenen Stromkosten und der Belastungsverteilung; er kam dabei bezüglich der ersteren zu dem allgemeinen Schluß, daß das Versorgungsgebiet des mit höheren Wärmekosten arbeitenden Werkes um so kleiner werden muß, je höher die größte übertragene Leistung, je größer der Ausnutzungsfaktor und je bedeutender der Unterschied der Wärmepreise ist.

Den Wert und den Einfluß der bei der Verkuppelung von Kraftwerken nach diesem Grundsatze durchführbaren Betriebsänderungen auf die Gesamtwirtschaft, der nur von Fall zu Fall festzustellen ist, wies Klingenberg an rechnerisch durchgeführten Beispielen nach und gab zum Schluß seiner technisch-wirtschaftlichen Erörterungen noch einen Vergleich der Stromfortleitungskosten mit dem mechanischen Transport der Kohle, da dieser immer maßgebend bleibt für die Entscheidung der Frage, ob die Übertragung der Energie auf elektrischem Wege vorzuziehen ist. Für einen Transportweg von 100 km Länge und Höchstleistungen von 20 000 bzw. 40 000 kW sowie einen Verbrauch von 1,0 bis 1,2 kg Steinkohle bzw. 3,2 bis 3,7 kg (minderwertiger) Braunkohle für 1 kWh ergäben sich die Kosten der Übertragung auf mechanischem Wege zu 0,29 bis 0,35 Pf. bzw. 0,93 bis 1,1 Pf./kWh, während die elektrische Übertragung bei einem Ausnutzungsfaktor von 0,4 bis 0,5, einem Strompreis von 2 Pf./kWh und einer Höchstleistung von 40 000 kW rund 0,40 Pf./kWh koste; bei guter Steinkohle wäre also in diesem Falle der mechanische Transport, bei minderwertiger Braunkohle die elektrische Kraftübertragung vorzuziehen. Eine weitere Verschiebung der Verhältnisse zugunsten der mechanischen Kraftübertragung trete ein, wenn die Kohle den Kraftwerken auf dem billigeren Wasserwege zugeführt werden kann. Aber selbst in den Fällen, in denen der mechanische Transport der Kohle sich vorteilhafter gestalte, seien Verbindungsleitungen zwischen den Kraftwerken nicht überflüssig, da sie erst zum Bau sehr großer Kraftwerke führen, deren Erzeugungskosten niedrig sind, und die, wie dargetan, eine wesentliche Verbesserung des Ausnutzungsfaktors bewirken sowie eine beträchtliche Verminderung der Reserveanlagen gestatten.

Nach diesen technisch-wirtschaftlichen Ausführungen erörterte Klingenberg die sich aus denselben ergebenden Gesichtspunkte für eine zukünftige staatliche Elektrizitätswirtschaft.

Wollte der Staat neben den bestehenden großen und mittleren Werken eigene Großkraftwerke errichten, so würde ihm vornehmlich nur die Versorgung wirtschaftlich schwacher Gebiete und solcher Verbraucher zufallen, deren Anschluß den bestehenden Werken bisher nicht lohnend erschien und daher auch der Staatswirtschaft kaum Vorteil bringen kann; der Staat müsse daher suchen, die bestehenden Werke als Abnehmer zu gewinnen; aber auch diese Bestrebungen würden nur bei den kleineren Werken Aussicht auf Erfolg mit angemessenem Gewinn haben, nicht aber bei großen oder mittleren Werken, soweit es sich um die Lieferung der bisher von diesen selbst erzeugten Strommengen handelt; denn da diese Werke bei Stilllegung ihres eigenen Betriebes doch mit den Kosten für die Verzinsung und Tilgung des aufgewendeten Anlagekapitals weiter belastet bleiben, müßte ihnen der Staat den Strom zu einem Preise liefern, der die lediglich ersparten Brennstoffkosten, Abschreibungen sowie Unterhaltungs- und Personalkosten noch unterschreitet, und das würde selbst den staatlichen Großkraftwerken mit Vorteil nicht möglich sein. Besser läge es zwar mit der Lieferung des „Zuwachsverbrauches" für jene Werke, da für dessen Erzeugung auch sie neue Anlagen erstellen müßten; anderseits seien aber dafür die staatlichen Werke mit den Fortleitungskosten belastet, die ihre eventuelle wirtschaftliche Überlegenheit wiederum schmälern. Ein ausschlaggebender Vorzug verbleibe aber noch dem Staat in der Möglichkeit der Verkuppelung seiner Werke mit den dadurch direkt zu erzielenden Verbesserungen und der dann gleichzeitig gegebenen Möglichkeit einer wirtschaftlicheren Ausnutzung von bisher nur einen örtlichen Verbrauch deckenden Wasserkräften, da ein großes verkuppeltes Leitungsnetz gleichsam wie ein Stauweiher wirke.

Für die staatliche Elektrizitätswirtschaft biete auch die Verbindung der Werke mit Anlagen für Nebenproduktengewinnung besondere Vorteile, da diese einen ununterbrochenen Betrieb unter gleichmäßiger Belastung verlangten, gerade die Verkuppelung der staatlichen Werke aber Verhältnisse schaffe, die auch zu Zeiten schwacher Belastung beträchtliche Arbeitsmengen unterzubringen erlauben. Die Gesamtheit der geschilderten Vorteile rechtfertige daher die staatliche Mitwirkung bei der elektrischen Großwirtschaft.

Zur Durchführung dieser Mitwirkung empfahl Klingenberg dann für Preußen und die kleineren deutschen Bundesstaaten — die übrigen größeren Bundesstaaten ließ er außer Betracht, da Bayern, Baden und Sachsen in der Frage der staatlichen Elektrizitätswirtschaft bereits eigene Wege eingeschlagen oder doch in Aussicht genommen hätten — die Errichtung von etwa 25 staatlichen Großkraftwerken mit Maschineneinheiten von 15 000 bis 20 000 kW und einer Gesamtleistung von je 80 000 bis 100 000 kW an geeigneten Punkten, d. h. in unmittelbarer Verbindung mit Steinkohlenbergwerken bzw. Braunkohlengruben oder an Orten mit billigen Frachtkosten (Seehäfen oder an Wasserstraßen gelegene Orte).

Im Interesse der Einheitlichkeit wären Umdrehungszahlen und Leistungen der einzelnen Maschinensätze sowie Erzeugungsspannung, Oberspannung und Periodenzahl für alle Werke gleich zu wählen und diese untereinander mit Hochspannungsleitungen von 100 000 V derartig zu verbinden, daß sie sich gegenseitig mit 20 000 bis 40 000 kW unterstützen können; an dieses Hochspannungsnetz, das zwischenliegende größere Verbrauchsorte berühren, aber nur möglichst wenig Anzapfungen enthalten sollte, wären auch die auszunutzenden Wasserkräfte anzuschließen, und der Betrieb müßte dann so geführt werden, daß der Ausnutzungsfaktor der am billigsten arbeitenden Werke tunlichst hoch gehalten wird. In den Unterwerken wäre der Strom auf 10 000 bis 20 000 V herunterzutransformieren und mit dieser Spannung an die vorhandenen, bisher selbst Strom erzeugenden Werke abzugeben; soweit noch möglich, müßte auch auf Einführung einer einheitlichen Mittelspannung (15 000 V) hingewirkt werden, damit die Zahl der notwendigen Transformatorenarten möglichst klein wird.

Die Einnahmen aus der staatlichen Elektrizitätswirtschaft errechnete Klingenberg in seinem Vortrage nach der bisherigen Entwicklung der deutschen öffentlichen Elektrizitätswerke und Einzelanlagen. Obwohl erstere in den Jahren 1907 bis 1913 eine jährliche Zunahme in der Stromabgabe von 25 bis 40 Prozent zeigten, nahm Klingenberg doch nur einen weiteren jährlichen Zuwachs von 20 Prozent an, da die besten Versorgungsgebiete schon mehr oder weniger ausgebaut seien, und trotz der durch die staatliche Elektrizitätswirtschaft zu erwartenden Stromverbilligung allmählich eine „Elektrizitätssättigung" eintreten würde.

Diese Grundlagen ließen für das Jahr 1926 einen Strombedarf aller öffentlichen Werke Deutschlands von rund 10 Milliarden kWh erwarten, von denen etwa 1,5 Milliarden kWh weiter von den bestehenden Werken erzeugt, also etwa 8,5 Milliarden kWh den staatlichen Werken zufallen würden. Den Gesamtbedarf der Einzelanlagen im Jahre 1826 setzte Klingenberg mit rund 20 Milliarden kWh und den Lieferungsanteil der staatlichen Werke an diesen Bedarf mit rund 6 Milliarden kWh an, so daß insgesamt auf diese Werke von dem Strombedarf in Deutschland rund 14,5 Milliarden kWh entfielen, wovon etwa 70 Prozent, d. h. rund 10 Milliarden kWh, auf Preußen kommen würden.

Zu ihrer Erzeugung einschließlich der Fortleitungsverluste benötigten die zu errichtenden staatlichen Werke bei einem Ausnutzungsfaktor von 0,4 eine Leistung von zusammen rund 2,93 Millionen kW, was bei dem (im vorstehenden bereits näher begründeten) Baueinheitspreis von 180 M./kW ein Anlagekapital von rund 530 Mill. M. erfordern würde; hierzu kämen noch die Kosten für Transformatorenanlagen und Hochspannungsleitungen, soweit sie vom Staate zu errichten sind; die letzteren bemaß Klingenberg bei rund 13 700 km Gesamtlänge zu rund 220 Mill. M., die ersteren unter der Annahme eines Einheitssatzes von 52 M./kW auf rund 150 Mill. M., so daß sich die Gesamtaufwendungen des Staates auf rund 900 Mill. M. belaufen würden.

Erfolge nun der Stromverkauf zu dem für Mittelkraftwerke üblichen Selbsterzeugungspreise, so würden allgemein so günstige Verhältnisse geschaffen, wie sie zur Zeit nur bei wenigen Werken bestünden, und es bliebe trotzdem noch dem Staat als Gewinn aus jeder abgegebenen Kilowattstunde der Unterschied zwischen den Betriebskosten für 1 kWh in Groß- und Mittelkraftwerken, den Klingenberg unter Berücksichtigung praktischer Verhältnisse auf mindestens 0,86 Pf./kWh berechnet, vermindert um die Fortleitungskosten für eine nutzbar abgegebene Kilowattstunde, die er einschließlich der Verzinsung des für die Leitungen aufgewendeten Anlagekapitals auf 0,55 Pf./kWh bemißt, und wiederum vermehrt um die Ersparnis aus der Verkuppelung der staatlichen Großkraftwerke, die von Klingenberg zu rund 0,10 Pf./kWh ermittelt worden sind. Bei dem Jahresabsatz von 10 Milliarden kWh verbliebe also als Gewinn über die 5 prozentige Verzinsung des gesamten Anlagekapitals ein Betrag von 10 Milliarden $\times$ (0,86—0,55 + 0,1) Pf. = 41 Mill. M., was allerdings gegenüber dem aufzuwendenden Kapital von 900 Mill. M. nicht zu verlockend erscheine; es müsse jedoch berücksichtigt werden, daß der staatliche Eingriff auf dem Gebiete der Elektrizitätsversorgung nicht nur zu einer Einnahmequelle, sondern auch zu einer Stütze des Wirtschaftslebens führen solle.

Wollte der Staat aus dem Elektrizitätsverkauf größere Einnahmen erzielen, so lasse sich dies nur auf dem Wege einer steuerlichen Belastung, die ja auch schon mehrfach in Anregung gebracht worden sei, erreichen. Grundlegende Voraussetzung für die Annehmbarkeit einer solchen Belastung sei, daß nicht etwa nur die öffentlichen Elektrizitätswerke allein besteuert werden, sondern in gleicher Weise auch die nur für den Eigenbedarf des Erzeugers arbeitenden Werke und jede andere für den Wettbewerb in Frage kommende Energieform, damit an den bisherigen Verhältnissen nichts geändert wird.

Die Besteuerung könne unmittelbar oder mittelbar erfolgen. Für die unmittelbare Besteuerung der Elektrizität führte Klingenberg drei Formen als denkbar an:

1. Besteuerung jeder erzeugten Kilowattstunde mit einem festen Betrage,
2. Besteuerung jeder verkauften Kilowattstunde mit einem festen oder nach dem Verkaufspreise gestaffelten Betrage,
3. Besteuerung nach dem Verbrauchszweck (Licht- bzw. Kraft) ebenfalls mit einem festen oder nach dem Verkaufspreise gestaffelten Betrage.

Von diesen drei Formen sei jedoch im Hinblick auf die vorerwähnte grundlegende Voraussetzung der Besteuerung aller Energieformen nur die letzte, und zwar für Beleuchtungselektrizität, durchführbar, da eine einigermaßen zuverlässige Messung und Registrierung mechanischer Arbeit unmöglich ist, und bei etwaiger Nichtbesteuerung dieser Arbeitsart viele Fabriken den Transmissionsbetrieb wieder aufnehmen bzw. bei Neuanlagen bevorzugen würden, zumal derselbe unter Anwendung von hohen Umdrehungszahlen und Kugellagern einen sehr guten Wirkungsgrad habe; die Steuer würde also eine unzulässige Verschiebung der bisherigen Verhältnisse zuungunsten der Elektrizität veranlassen.

Die Besteuerung der Beleuchtungselektrizität, und damit natürlich auch des Beleuchtungsgases und des Petroleums, sei bei getrennten Licht- und Kraftverbrauchsmessern ohne weiteres durchführbar, aber auch bei gemeinschaftlichen Messern für beide Zwecke etwa in der Weise möglich, daß die Teilung des gemessenen Gesamtverbrauches bei Gas nach Erfahrung oder nach der Zahl der vorhandenen Brenner, bei Elektrizität nach der Zahl der angeschlossenen Apparate und Motoren bestimmt wird. Für das Jahr 1926 schätzte Klingenberg nach den in der Statistik für das Jahr 1913 enthaltenen Zahlen den Verbrauch an Lichtstrom in Deutschland auf 2,4 Milliarden kWh, an Gas auf 1300 Millionen cbm, so daß bei einem mittleren Preis von 25 Pf.-/kWh für Lichtstrom und 12 Pf./cbm für Gas sowie einer Besteuerung mit 10 Prozent des Verkaufspreises

die Elektrizitätssteuer rund 60 Mill. M.
die Gassteuer   rund 16 Mill. M.
____
zusammen rund 76 Mill. M.

erbringen würden.

Für das Petroleum als Auslandsprodukt empfahl Klingenberg eine höhere Besteuerung mit etwa 20 Prozent des Verkaufspreises.

Die Form der mittelbaren Besteuerung lasse auch eine Besteuerung der Kraftelektrizität zu, da auf diesem Wege auch die mechanische Kraft steuerlich erfaßt werden könne, und zwar in der Weise, daß man die ihnen gemeinsamen Kraftquellen, Kohle und Wasserkräfte, zur Steuer heranzieht. Die Einführung einer Staffelung derselben nach dem Verwendungszweck der aus ihnen erzeugten Energie sei dabei zwar undurchführbar, wohl aber — wenigstens bei der Kohle — eine Anpassung der Steuer an vorhandene Richtpreise oder nach dem Heizwerte möglich; eine gleichartige Staffelung der Steuer bei den Wasserkräften sei schwieriger und die Durchführung der dazu erforderlichen Messungen kostspieliger, so daß sich überhaupt nur die Besteuerung größerer Wasserkräfte (von 50 bzw. 100 PS an) lohne; als Ertrag einer solchen gab Klingenberg für das Jahr 1926 rund 5 Mill. M. an.

Um im übrigen durch eine Besteuerung von Kohle und Wasserkräften das Inland in seinem Wettbewerb gegenüber dem Ausland auf dem Weltmarkt nicht zu schwächen, empfahl Klingenberg zugleich die Gewährung von entsprechenden Ausfuhrprämien und Frachterleichterungen.

Nach der im Jahre 1910 statistisch festgestellten Kohlenförderung in Deutschland (151 Mill. t Steinkohle und 68 Mill. t Braunkohle) schätzte Klingenberg den Kohlenverbrauch für das Jahr 1926 auf 200 Mill. t Steinkohle und 90 Mill. t Braunkohle und den aus derselben zu erzielenden jährlichen Steuerbetrag bei einem Steueraufschlag von 1 M. auf 1 t Steinkohle und von 0,3 M. auf 1 t Braunkohle — was etwa 10 Prozent der mittleren Kohlenpreise ausmache, und die Stromkosten großer Werke nur um 0,1 bis 0,15 Pf./kWh erhöhen würde — auf insgesamt 227 Mill. M., wovon etwa 27 Mill. M. wieder für Ausfuhrprämien und Frachterleichterungen abzusetzen wären.

Es könnten demnach durch die staatliche Elektrizitätswirtschaft und die neue direkte und indirekte Besteuerung von Licht- und Kraftenergie bzw. deren

Quellen (Kohle und Wasserkräfte) im Jahre 1926 insgesamt an Einnahmen für den Staat erzielt werden:

a) aus der staatlichen Elektrizitätswirtschaft 41 Mill. M.
b) aus der Steuer für Lichtelektrizität . . . 60 „ „
c) aus der Steuer für Beleuchtungsgas . . . 16 „ „
d) aus der Besteuerung der Wasserkräfte . . 3 „ „
e) aus der Kohlensteuer . . . . .200 „ „

zusammen 320 Mill. M.

Wenn auch zu einzelnen Punkten des Vortrages Einwendungen möglich wären, und insbesondere der ziffernmäßige Nachweis am Schlusse desselben über die im Jahre 1926 zu erzielenden Gesamteinnahmen insofern einer Berichtigung bedarf, als in ihm die Einnahmen aus der staatlichen Elektrizitätswirtschaft für Preußen und die Steuererträgnisse aus Lichtelektrizität, Beleuchtungsgas, Wasserkräften und Kohle für ganz Deutschland enthalten sind, so bot Klingenberg doch namentlich in den Einzelausführungen über die Vorzüge von Großkraftwerken und deren Verkuppelung, die Abgrenzung der Versorgungsgebiete und die Belastungsverteilung viel Interessantes und fand bei der zahlreichen Zuhörerschaft ungeteilte Aufmerksamkeit sowie lebhaften Beifall.

II.
Elektrische Großwirtschaft unter staatlicher Mitwirkung.
Von H. Passavant, Berlin[1]).

Da bei der diesjährigen Hauptversammlung des Verbandes Deutscher Elektrotechniker die Diskussion zu dem Vortrage von Herrn Professor Klingenberg leider nicht freigegeben wurde, sei gestattet, im folgenden einer grundsätzlich abweichenden Auffassung Ausdruck zu geben, während ein Eingehen auf Einzelheiten späteren Erörterungen vorbehalten bleibe.

Der Vortrag gipfelt in dem Ergebnis, daß ein Kapital von nahezu einer Milliarde Mark der Staatsregierung bewilligt werden solle, um einen Überschuß über die Verzinsung von rund $4\frac{1}{2}$ Prozent zu bringen. Der Vortragende selbst urteilt darüber wie folgt:

„Die Einführung staatlichen Betriebes mag daher manchem wenig verlockend erscheinen. Eine derartige Beurteilung würde aber die zahlreichen unter I bis IV entwickelten Vorteile übersehen, die nur durch das Eingreifen des Staates erreicht werden können. Sie würde dem Umstande nicht Rechnung tragen, daß der staatliche Eingriff nicht nur zu einer Einnahmequelle, sondern auch zu einer Stütze des Wirtschaftslebens führen soll.‘‘

Worin die Vorteile bestehen, die nur durch das Eingreifen des Staates erreicht werden können, ist mir aus dem Vortrage nicht klar geworden. Noch weniger aber kann ich erkennen, welche Stütze des Wirtschaftslebens durch Festlegung von etwa einer Milliarde Mark in neuen Unternehmungen gewonnen wird, die ihrem Wesen nach dazu bestimmt sind, die zahlreichen bereits bestehenden und blühenden Elektrizitätswerke zu entwerten. Durch eine Betätigung des Staates, wie der Herr Vortragende sie als wünschenswert hinstellt, werden eben, darüber kann kein Zweifel bestehen, die vorhandenen Werke von den künftigen Fortschritten der Technik ausgeschlossen, dadurch in ihrer Weiterentwicklung unterbunden und müssen überdies ihre Tarife der staatlichen Einwirkung unterordnen. Was dies für die privaten oder kommunalen Verwaltungen oder

----

[1]) Abdruck aus E. T. Z. 1916, Heft 31.

Kreisverbände bedeutet, die diese Werke geschaffen haben, bedarf keiner Erläuterung.

Und diese ganze wirtschaftliche Kraftprobe um eines noch dazu anfechtbaren Überschusses von 41 Mill. M. willen. Denn, wenn man erwägt, daß noch lange nach dem Kriege mit erheblich höheren Anlagekosten wird gerechnet werden müssen als vor demselben, wenn die unvermeidlichen Bauzinsen in Rechnung gestellt und vor allem, wenn dem erwarteten Gewinn aus der Elektrizitätslieferung die Einbußen entgegengehalten werden, die der Eisenbahnverwaltung aus dem Wegfall erheblicher Kohlenfrachten sicher erwachsen, so sieht man dem errechneten Gewinn Belastungen gegenüberstehen, die ihn leicht in einen Verlust umwandeln können.

In einer Zeit schwerster wirtschaftlicher Prüfung, wie unser Volk sie jetzt durchmachen muß, gibt es für den Staat selbst wie für alle seine Glieder, wie ich glaube, nur eine Lösung, nämlich äußerste Schonung des Volksvermögens; wenn dieses aber in Anspruch genommen werden muß, dann diene es nur dem Wettbewerb mit unseren Gegnern im Welthandel, nicht zur Schaffung oder Verschärfung technisch-wirtschaftlicher Gegensätze im Innern. Diese Erwägung weist zwingend darauf hin, die erstrebte Stützung unserer Volkswirtschaft, soweit irgend möglich, in Anlehnung an die bestehenden Werke zu suchen, nicht im Gegensatz zu ihnen.

In Abb. 1 sind die in Deutschland vorhandenen Elektrizitätswerke (19 an der Zahl) eingetragen, deren Leistungsfähigkeit nach der leider recht unvollständigen neuesten Statistik der Vereinigung der Elektrizitätswerke 20 000 kW bereits übersteigt. Eine Anzahl von Werken mit gleicher oder erheblich höherer Leistung, wie z. B. Düsseldorf-Reisholz, Vorgebirgs-Elektrizitätswerk bei Köln, Elektrizitätswerk Leipzig-Land, Städtisches Elektrizitätswerk Hannover, sind in dieser Aufzeichnung noch nicht einmal enthalten. Alle diese Werke sind entstanden, wo Industrie, Gewerbe oder die Bedürfnisse der Großstädte es verlangten, und wenn der Staat heute nach geeigneten Stellen für neue Großkraftwerke Umschau hielte, so müßte er die meisten hiervon in unmittelbarer Nähe der vorhandenen Zentralen erbauen. Dann aber scheint es doch richtiger, das Bestehende mit einem Bruchteil der geforderten Milliarde auszubauen; das wirtschaftliche Ergebnis eines solchen systematischen Ausbaues wäre jedenfalls besser zu übersehen als dasjenige einer umwälzenden Neuversorgung des ganzen Landes, für deren Notwendigkeit der Nachweis fehlt, und für deren Erträgnisse die unerläßlichen Garantien jedenfalls nicht gegeben sind.

Es liegt mir selbstverständlich durchaus fern, dem Staate die Möglichkeit absprechen zu wollen, selbst an der Elektrizitätsversorgung des Landes mitzuwirken. Im Gegenteil, die Bedürfnisse seiner einzelnen Verwaltungen, der Eisenbahn-, der Bergwerksverwaltung usw. werden und müssen ihn bald vor die Notwendigkeit der Erbauung großer Elektrizitätswerke stellen, und diese Werke sind zweifellos auch berufen, soweit in ihrer Umgebung ungedeckter Bedarf vorliegt, auch diesen zu befriedigen. Die Zukunft würde alsdann zeigen, ob die staatliche Versorgung wirklich bedeutende Überlegenheit vor der bisherigen Elektrizitätsverteilung besitzt und, wenn dies der Fall sein sollte, so werden die schwachen Elektrizitätswerke dem Staatsbetriebe von selbst anheimfallen. Sicher würde aber mit dieser natürlichen Entwicklung unserem ganzen wirtschaftlichen Organismus die Unruhe und Unsicherheit erspart bleiben, welche der Gedanke des erzwungenen Staatsmonopols zweifellos erwecken muß.

So viel über die Elektrizitätsversorgung selbst; was die Besteuerung anlangt, so ist darüber nur weniges zu sagen. Der Umstand, daß Herr Klingenberg von der Elektrizitäts- und Gassteuer nur 76 Mill. M., von Kohlensteuer und Wasserkraftbesteuerung, sowie von der staatlichen Elektrizitätswirtschaft aber 244 Mill. M.

erwartet, zeigt, daß im Grunde genommen gar keine Elektrizitätssteuer in Frage
kommt, sondern eine durch die Verhältnisse bedingte allgemeine Besteuerung
unseres ganzen Volkes, vor allem der Industrie und des Gewerbes. Diese Belastung soll und muß natürlich übernommen werden; die Frage, in welcher Form
dies geschieht, wird aber erst mit dem nötigen Ernste zu prüfen sein, wenn die
Wege sich übersehen lassen, die unserer Industrie im Welthandel nach Friedens-
schluß offenstehen. Es wäre geradezu verhängnisvoll, wenn jetzt bereits unter
dem Drucke der Kriegsverhältnisse, die doch sicher die Klarheit des Urteils auf
wirtschaftlichem Gebiete nicht gerade fördern, Gesetzesbestimmungen kurzerhand
getroffen würden, die von vitaler Bedeutung für das Wirtschaftsleben unseres
Volkes im Frieden sind. Nur eines sei hervorgehoben: Eine Steuer, die nur den
Lichtstrom umfaßt, ist glatt undurchführbar. Sie würde Verwaltungskosten erfordern, die in keinem Verhältnis zu den Einnahmen stünden, sie würde für die
nur der Steuer zuliebe notwendige Trennung der Licht- und Kraftleitungen
bedeutende Anlagewerte nutzlos festlegen, und sie würde der Willkür der
Schätzung häufig Tür und Tor öffnen, da es ganz unmöglich ist, bei dem
heutigen Standpunkt der Technik Licht und Kraft vollständig voneinander zu
trennen. Auch aus allgemeinen Gesichtspunkten wäre ein solcher Schritt zu
bedauern, denn mit ihm würde zwangsweise die technische Entwicklung der
letzten Zeit, die mit Recht jeden Unterschied in der Bewertung der verschiedenen Energieformen verschwinden zu lassen strebt, um Jahrzehnte zurück-
geschraubt.

III.
Elektrische Großwirtschaft unter staatlicher Mitwirkung.

Von Ernst Zander, Zivilingenieur[1]).

Die Wichtigkeit des ausführlichen und zahlenmäßig gut belegten Vortrages
von Professor Klingenberg in Frankfurt leuchtet aus zwei Gründen ein. Einmal war kurz vor dem Krieg die deutsche Elektrizitätsversorgung auf dem besten
Wege zu einem unhaltbaren Partikularismus, sowohl durch das volkswirtschaftlich oft unverantwortliche gegenseitige Ineinanderverzahnen zahlreicher privater
Überlandwerke, als auch besonders wegen des Umstandes, daß deutsche Mittel-
und Kleinstaaten die Elektrizitätsfrage innerhalb ihrer Landesgrenzen regelten,
obwohl letztere bei keinem unserer Mittel- und Kleinstaaten ein derartiges Vorgehen rechtfertigen. Höchstens der Großstaat Preußen und seiner Kraftverhält-
nisse wegen noch Bayern hätten sich den Luxus der bundesstaatlichen Regelung ihrer eigenen Elektrizitätsversorgung leisten können.
Der zweite Grund, weshalb die Klingenbergschen Ausführungen zur rechten
Zeit kamen, liegt in den durch den Krieg brennend gewordenen Steuerfragen.
Ganz im Gegensatz zu Herrn Passavant muß man es für besser halten, die
staatlichen Behörden möglichst frühzeitig aus der zu besteuernden Industrie
heraus auf die Wege hinzuweisen, welche voraussichtlich die geringste Schädigung
der Gesamtinteressen des elektrischen Stromerzeugungs- und Verkaufsgeschäftes
erhoffen lassen. Herr Passavant schreibt: „Worin die Vorteile bestehen, die
nur durch das Eingreifen des Staates erreicht werden können, ist mir aus dem Vortrage nicht klar geworden.“
Dieser Standpunkt ist einigermaßen erstaunlich, denn sowohl der Klingenbergsche Vortrag, wie auch das Projekt Oskar von Millers für Bayern zeigen

---

[1]) Abdruck aus E. T. Z., Heft 36.

deutlich, daß gewisse Energiequellen teils wegen ihrer Lage, teils wegen ihrer
Unbeständigkeit und teils wegen ihrer überragenden Größe überhaupt nur wirtschaftlich ausgenutzt werden können, wenn sie in ein sehr großes Netz hinein-
drücken können.

Herr Passavant schreibt weiter: „Wenn der Staat heute nach geeigneten
Stellen für neue Großkraftwerke Umschau hielte, so müßte er die meisten hiervon in unmittelbarer Nähe der vorhandenen Zentralen erbauen." Auch dieser
Standpunkt läßt sich nicht rechtfertigen. Die gegenwärtigen Großkraftwerke
sind vorwiegend in der Nähe des großen Verbrauchs entstanden; nur wo der
Großverbrauch und das Kohlenvorkommen örtlich vereint sind, trifft diese
Anschauung Passavants zu; für alle übrigen vorhandenen Großkraftwerke
aber nicht. Das Neue der letzten Jahre besteht eben in der Entwicklung
der sehr hohen Spannungen und damit in der größeren Beweglichkeit der Ware
Elektrizität.

Daß ein solcher technischer Fortschritt, der eine bis dahin im wesentlichen
ortsgebundene Ware mobilisiert, eine Verschiebung der Erzeugungsstätten notwendigerweise zur Folge haben muß, ist eine alte volkswirtschaftliche Wahrheit; ebenso wie z. B. die in den letzten 50 Jahren durch die technischen Fortschritte des Seeverkehrs, des Binnenwasserverkehrs und der Eisenbahnen erzielte viel größere Beweglichkeit des Getreides den Markt und die Verarbeitungs-
stätten völlig verschoben hat. Statt Tausender Kleinmühlen versorgen wenige
Großmühlen heute den Markt, denen die Kleinmühlen in erster Linie wegen der
eingetretenen großen Beweglichkeit des Getreides infolge technischer Fortschritte
fast restlos unterlegen sind.

Die Fortschritte, welche die große Beweglichkeit der Kilowattstunde durch
die Hunderttausend-Volt-Leitungen enthält, zugunsten bestehender kleinerer
Kraftwerke unterdrücken oder nur halb ausnutzen zu wollen, wäre „Mittel-
standspolitik" mit dem bekannten Beigeschmack des Wortes.

Dabei muß berücksichtigt werden, daß nach den Vorschlägen von Professor
Klingenberg keineswegs das bisher festgelegte Kapital der mittleren und kleineren
Werke verloren geht, und außerdem muß wohl beachtet werden, daß nach den
Klingenbergschen Vorschlägen ein Teil der Staatseinkünfte nicht durch Belastung
der Erzeuger und Verbraucher, sondern durch die unter Leitung des Staates
erfolgte Anwendung eines neuen technischen Mittels erzielt wird.

Gewiß ist der Standpunkt Passavants richtig, daß nach dem Kriege infolge
der Kapitalknappheit große Vorsicht bei der Anlage neuer Kapitalien am Platze
ist. Die Vereinheitlichung und Verbilligung der deutschen Elektrizitätsversorgung
bedeutet aber nichts anderes als die Erhöhung der Wirtschaftlichkeit der natio-
nalen Arbeit innerhalb Deutschlands. Die neuen Wettbewerbsverhältnisse auf
dem Weltmarkt nach dem Kriege werden uns zwingen, unsere Volkswirtschaft
mit dem allerhöchsten Wirkungsgrad arbeiten zu lassen. Industrie, Handel,
Gewerbe und Landwirtschaft werden aber kaum je wieder so einmütig sich in
einem großzügigen technischen Verkehrsprojekt zusammenfinden, wie im groß-
deutschen Elektrizitätsverkehr. Eisenbahnen und Schiffahrtsstrecken werden,
wie der Mittellandkanal, Interessengegensätze finden in unseren verschiedenen
Erwerbszweigen, an der wirtschaftlichsten Elektrizitätsversorgung sind aber alle
Stände auf das lebhafteste interessiert.

Leider hat sich wegen der vorliegenden Rechtsverhältnisse das Klingenbergsche Projekt auf Preußen beschränkt. Die Bahnen, die einzelne kleine Bundesstaaten, vor allem Baden und Sachsen, betreten haben, werden eine einheitliche
Lösung für das ganze Reich einigermaßen erschweren, und es wäre dringend
wünschenswert, wenn die notwendige eingehende Erörterung der von Professor
Klingenberg angeschnittenen Fragen der elektrischen Großwirtschaft auch diesen

Gesichtspunkt hereinziehen würde. Herr Passavant aber wäre dringend zu bitten, entsprechend dem Schlußsatz seines ersten Absatzes, seine „späteren Erörterungen" möglichst umgehend folgen zu lassen, denn die baldige Klärung der Frage ist eine wichtige Vorbereitung der Friedenswirtschaft nach dem Kriege. In der bisher vorliegenden ganz allgemeinen und keineswegs beweiskräftigen Form fordern die Passavantschen Anschauungen zum Widerspruch heraus.

IV.
Elektrische Großwirtschaft unter staatlicher Mitwirkung.
Von Wilhelm Kübler, Dresden[1]).

Der Gedanke der staatlichen Elektrizitätsversorgung ist alt; so alt, daß er allmählich der Mehrheit der Fachleute langweilig geworden war. Nun man aber schneller, als gedacht wurde, an seine Verwirklichung heranzutreten anfängt, ist er plötzlich wieder interessant geworden. Allerdings beschäftigt dabei die öffentliche Meinung und die zahlreichen Gastteilnehmer der Elektrotechnik weniger das sachliche Interesse als die Interessen, und auch auf die wirklichen Fachleute wirken Nebengedanken leider vielfach stärker ein, als gut ist. In drei Staffeln marschieren sie bei den Erörterungen der Öffentlichkeit auf: politische Interessen, geschäftliche Interessen und hintennach die Interessen der Stromverbraucher. An der Seite der Kolonne sprengen hin und her persönliche Wünsche und Sorgen. Wenn in großen oder kleinen Versammlungen Parade abgehalten wird, so wird auch wohl gelegentlich eine solche Gruppierung vorgenommen, daß der selbstverständliche, aber dennoch von den verantwortlichen Stellen und im Vortrage von Professor Klingenberg ausdrücklich anerkannte Grundsatz, daß vorhandene Werte nicht blindlings vernichtet werden dürfen, verdeckt wird. In diesen und ähnlichen Erscheinungen gibt sich eine tendenziöse Art der Erörterung zu erkennen, an der die wirkliche Fachwelt zwar nicht teilnehmen darf, die sie aber beachten und soweit eindämmen muß, daß die ernste Arbeit nicht den Gefahren der Stimmungsmache verfällt. In dem Sinne ist diese Zeitschrift wohl der richtige Ort für eine Aussprache, zu der Herr Professor Klingenberg in dankenswerter Weise den Anstoß gegeben hat.

Gegenüber zahlreichen Druckschriften, Vorträgen, Berichten, Aufsätzen usw. von Verfassern, die auf den Anspruch, auch nur die einfachsten Zusammenhänge der Elektrizitäts- und Wärmelehre zu kennen, gern verzichten und daher im Grunde nichts anderes erörtern als das geschäftliche und rechtliche Schema der elektrischen Großwirtschaft, muß sich zur Herstellung des Gleichgewichts der Erkenntnis der — bekanntlich durch Sachkenntnis getrübte — Blick der Fachleute vor allem auf die zwei Fragen richten:

1. Was ist, grundsätzlich gedacht, technisch richtig? Großwirtschaft oder Einzelwirtschaft, ganz gleich, wer sie ausführt?

2. Was ist in gleichem Sinne wirtschaftlich richtig? Großwirtschaft oder Einzelwirtschaft?

Klingenberg hat als selbstverständlich unterstellt, daß die Technik die Mittel in der Hand hat, um auf dem Wege der Zusammenfassung und des Baues ganz großer Kraftwerke zur Großwirtschaft auf der ganzen Linie überzugehen. So hat er seine Ausführungen nahezu restlos auf wirtschaftliche Überlegungen beschränken können. Durchschlagende Einwendungen werden sich dagegen nicht erheben lassen, wenn auch von den Konstrukteuren noch mancherlei zu

---

[1]) Abdruck aus E. T. Z. 1916, Heft 43.

erwarten bleibt, die, von Bekanntem ausgehend, auf dem Wege des quantitativen Fortschritts hin und wieder auch für neue Gedanken noch Raum
finden werden.

Technisch möglich ist also die Zusammenfassung unbedingt. Ist sie auch
technisch richtig? Mit anderen Worten, ist sie der Weg, um mit geringstem
Aufwand von Material und Arbeit bei größtmöglicher Sicherheit das Ziel zu erreichen, das darin besteht, jedermann zu jeder Zeit die von ihm benötigte elektrische Arbeit in einwandfreier Weise verfügbar zu halten? Diese Frage läßt sich
heute nach meinem Empfinden noch nicht ganz vorbehaltlos beantworten. Sie
würde beim Eingreifen des Staates, der zweifellos die Hauptleitungen erheblich
vorteilhafter ausführen kann als der mit geringeren Freiheiten ausgestattete
Privatunternehmer, leichter zu bejahen sein, als wenn der Staat sich fernhielte
oder seine Stellung durch Eingehen einer vergesellschafteten Unternehmungsform
beengte. Sie weist ferner auf die Frage der Wasserversorgung und auf die des
Aktionsradius einer katastrophalen Betriebsstörung hin. Unbestreitbar gibt es
eine Grenze; der Klingenbergsche Vortrag findet sie bei einer Größenordnung
der Leistungsfähigkeit der einzelnen Großkraftwerke von 100 000 kW; aber diese
Zahl wird noch nicht als endgültig gelten können, und es erscheint berechtigt,
sie etwas nachzuprüfen.

Damit wird das Eingehen auf die Kosten nötig und der Übergang zur zweiten
Frage gegeben.

Von den in Deutschland bestehenden Werken erkennt Professor Klingenberg
als Großkraftwerke an: das Rheinisch-Westfälische Elektrizitätswerk, die Berliner Elektrizitätswerke und die Elektrizitätswerke des oberschlesischen Industriebezirkes. Die Statistik der Vereinigung der Elektrizitätswerke — Herr
Dr. Passavant hebt deren Lückenhaftigkeit selbst hervor — schweigt in ihren
neueren Jahrgängen über die Berliner Elektrizitätswerke. Sie gibt auch keine
Auskunft über das Rheinisch-Westfälische Elektrizitätswerk. Zur Betrachtung
der Ergebnisse auf Grund der dort veröffentlichten Zahlen kann man also nur
Oberschlesien heranziehen. Man findet für 1913, wo noch normale Zustände
vorhanden waren, die Betriebskosten ausschließlich Kapitaldienst zu 1,12 Pf./kWh
bei einem Anlagepreis von 364 M./kW. Dieser Kapitalwert ist jedenfalls von
anderen und viel kleineren Anlagen erheblich unterschritten worden; aber das
will noch nicht viel sagen, da ja die Entwicklungsgeschichte des Werkes zu berücksichtigen ist. Bei dem Kilowattstundenpreis von 1,12 Pf., der an sich tatsächlich
alle anderen in der Statistik genannten Werke in Schatten stellt, ist aber zu bedenken, daß Oberschlesien damals die Kohle so billig einkaufte, daß die 10 000 cal.
nur 0,08 M. kosteten, ein Preis, der in der ganzen Statistik nur noch mit denen
von Schwientochlowitz, das die 10 000 cal. mit 0,064 M. bezahlte, und von Waldenburg, das 0,05 M. angibt, verglichen werden kann. Geht man dem Vergleich
tatsächlich nach, so findet man für Waldenburg bei 11 000 kW Leistungsfähigkeit 428 M./kW und 2,49 Pf./kWh, Schwientochlowitz dagegen verzeichnet bei
nur 4250 kW Leistungsfähigkeit nur 264 M./kW und 1,18 Pf./kWh.

Solche einzelnen Zahlen haben an sich natürlich keine Beweiskraft und
dürfen gewiß nicht urteilslos verallgemeinert werden, aber sie werfen doch ein
Licht auf die Betrachtungsweisen der Gegenwart, in dem manche Linienverschlingung deutlicher wird. Auch nach Ausschaltung des Einflusses der „historischen Entwicklung“ der genannten Werke lassen sie eine Mahnung zur Gewissenhaftigkeit und Vorsicht zurück und sprechen von Entwicklungsmöglichkeiten mittlerer Werke. Und sobald sich solche Stimmen hörbar machen, fragen
selbstverständlich konservativ gesinnte Betriebsorganisatoren sogleich, ob denn
nur große und nicht auch mittlere Werke durch Hauptleitungen gekuppelt und
durch den betrieblichen Zusammenschluß wirtschaftlich ganz wesentlich gehoben

werden können, und ob nicht erfolgreiche Anfänge sehr zugunsten der mittleren Werke sprächen.

Der Klingenbergsche Vortrag gibt auf diese Frage bereits Antwort. Er nennt die Brennstoffpreise — noch ohne Berücksichtigung des Torfs — und ermittelt, daß die 10 000 cal. in Gestalt von Rohbraunkohle bis zu 64 Prozent billiger sein können, als in Gestalt westfälischer Steinkohle. Voraussetzung ist freilich, daß die Braunkohle am Fundort verarbeitet wird. Werke für den öffentlichen Dienst, die das machen, gibt es erst wenige. Will man weitere errichten, so werden diese wohl selbstverständlich zu Großkraftwerken entwickelt werden müssen. Da sie gänzlich neu entstehen, so kann man sich alle bisherigen Erfahrungen zunutze machen und wirklich mit geringem Kapital bauen. Die in IIIA des Vortrages genannten volkswirtschaftlichen Gesichtspunkte gewinnen dabei zugleich die größte Bedeutung: vollkommenere Ausnutzung des wenn auch im Preise billigen, so doch gerade deshalb so kostbaren Brennstoffes, und zwar sowohl in der Feuerung und in der Dampfwirtschaft, als auch durch die vielversprechende Gewinnung wertvoller Bestandteile der Kohle vor der Verfeuerung. Nach allem, was man bisher sehen kann, weist diese „Nebenproduktengewinnung" gebieterisch auf den Großbetrieb hin. Den weitsichtigen volkswirtschaftlichen Rücksichten gegenüber können einige Frachtausfälle in der Jahresrechnung der Eisenbahnen, auf die wohl gelegentlich zur Abwehr des Gedankens der Großkraftwerke hingewiesen worden ist, sobald die Absicht vorlag, gegen die Verstaatlichung zu polemisieren, nicht in Betracht kommen. Ganz abgesehen davon, daß eine Entlastung der Bahnen an manchen Stellen erwünscht ist und auch im Interesse der Landesverteidigung liegen dürfte. Großkraftwerke sind daher letzten Endes technisch und wirtschaftlich etwas Richtiges, ja sogar Notwendiges. Bei den Großkraftwerken wird nun in der Regel auch an große Versorgungsgebiete gedacht, obwohl dieser Zusammenhang kein ganz zwingender ist. Dann muß aber, gemäß der größeren Betriebsverantwortung, sofort noch größere Betriebssicherheit verlangt werden. So kommt man auf die Notwendigkeit, Hauptleitungen für große elektrische Tragfähigkeit und weite Entfernungen zu bauen. Würde man statt an „Versorgungsgebiete" an „Einflußgebiete" denken, so könnte die Tragfähigkeit etwas geringer gehalten werden, und es bliebe mehr Spielraum für Ausnutzung von schon Vorhandenem. Aber auch im anderen Falle werden die Leitungsnetze nicht plötzlich entstehen können, sondern die Arbeit einer Reihe von Jahren bilden. Insbesondere wird sich die Verbindung der verschiedenen Großwerke hinzögern, bis deren Gruppierung die Bedingungen der „Gleichwertigkeitsgrenzen" erreicht.

Der Leitungsbau ist weniger schwierig in seinem technischen, als in seinem organisatorischen Teil. Recht hinderlich ist zurzeit noch der Umstand, daß für diese Aufgabe geeignete Ingenieure nur in geringer Zahl verfügbar sind. Zudem sind gerade in Kreisen, wo man sich der Praxis gern rühmt, Irrtümer in der Beurteilung der Bauleiter nicht vereinzelt geblieben. Gelegentlich wurden Erfolge nur deshalb entweder bestritten oder behauptet und geglaubt, weil man ein Interesse daran hatte, nicht erst Zweifel aufkommen zu lassen. Bei solchen Gelegenheiten findet sich wohl auch die beliebte Schlagworttorheit des vermeintlichen Gegensatzes von Theorie und Praxis, deren Anwendung im passenden Augenblick bei korporativ entscheidenden Laienkollegien nicht wirkungslos bleibt. Die Bauoberleiter müssen sich unter solchen Umständen mit manchem abfinden, was ihnen und der Sache an Schädigung erspart bleiben könnte, wenn planmäßig vorgebildete Fachleute zu ihrer Hilfe bereit stünden. Wo aber gute praktische Erfahrungen erworben wurden, ist heute oft auch nur die einfachste Einsicht in die Grundlagen der technischen Mechanik und der Elektrizitätslehre zu vermissen, und wo anderseits die nötigen Kenntnisse in den wissenschaft-

lichen Grundlagen vorhanden sind, hat es an Gelegenheit gefehlt, die handwerk-
lichen Dinge, das Umgehen mit den Leuten auf dem Bau und die Praxis des
Materialeinkaufs ausreichend kennenzulernen. Da wird denn, wo allein Tatsachen sprechen sollten, vieles nach mehr oder weniger lauter und geschickter
Darstellung beurteilt und nach Opportunitätsgründen entschieden. Angesichts
der immer wiederkehrenden Behauptung, der Staat könne sich nicht gleich gute
Arbeitskräfte verschaffen, wie die Industrie (und nach Bedarf wird hinzugesetzt
die Kommunen), müssen sich unabhängige Fachleute die wahre Sachlage vor
Augen halten; es hat keinen Sinn, den Kopf in den Sand zu stecken. Diese Aufgabe tritt zum zweiten Male bei der Frage der Ordnung des Kleinverkaufs auf —
es wird also auf sie zurückzukommen sein.

Bei weiterer Ausbildung der Leitungen spricht sehr viel für eine rechtzeitige
Normalisierung der Bauteile. Die Sache liegt ähnlich wie beim Eisenbahn-,
Straßen-, Wasserleitungsbau u. dgl. Eine Hemmung des technischen Fortschrittes
ist nicht zu fürchten, so wenig wie bei jenen Unternehmungen. Dafür ist eine
außerordentliche Vereinfachung des Geschäftsganges, eine Eingewöhnung des
Personals, eine Abkürzung der Lieferfristen, die Ermöglichung ausreichender
Lagerhaltung und als Folge von dem Allen eine Verbilligung des Baues und Erhöhung der Betriebssicherheit zu erwarten. Die Privatunternehmungen werden
nicht ohne weiteres dazu kommen. Anläufe im Freileitungsausschuß sind fast
ergebnislos geblieben. Der Staat wird die sofortige Ausnutzung dieser Vorteile
durchsetzen können. Er wird weiter die mancherlei Unklarheiten in den bei der
Trassierung auftretenden Rechtsfragen überwinden und die Wahrung der Ver-
antwortlichkeiten bei Kreuzungen der Starkstromwege mit Eisenbahn, Post usw.
auf der Basis des einheitlichen öffentlichen Interesses sachlich zusammenfassen.
Sehr wahr sagt Professor Klingenberg: „Der Staat allein ist imstande, sich für
seine Zwecke, ebenso wie für die Eisenbahnen, die erforderlichen Wegerechte
zu verschaffen und die einer großzügigen Elektrizitätswirtschaft entgegenstehenden Hindernisse zu überwinden.“

Wenn nun aber diese Überlegungen für die Berechtigung der Erwartung
sprechen, daß der Staat die Hauptleitungen einfacher und daher billiger ausbauen
wird, als sie bisher ausgeführt worden sind, so würden die ziffernmäßigen Ergebnisse im Klingenbergschen Vortrag ein teilweise anderes Aussehen erhalten,
und deshalb möchte ich auf die Zahlen überhaupt nicht erst näher eingehen.
Geben sie nur die Sicherheit, daß nichts Unmögliches gedacht wird, so sprechen
sie aus, daß die bedeutungsvolle Aufgabe „bessere Brennstoffwirtschaft“ in
Bearbeitung zu nehmen ist, und zwar sobald als möglich.

„Eine weitere unerläßliche Voraussetzung jedes staatlichen Eingriffs ist die,
daß bestehende Werte nicht vernichtet werden dürfen.“ Mit den „bestehenden
Werten“ sind natürlich nicht nur reale Vermögensobjekte, also Zentralen und
Leitungsnetze, gemeint, sondern auch sogenannte Geschäftswerte. Es scheint,
als ob es im Fach eine Mehrheit für die Auffassung gibt, daß zur Erhaltung dieser
Werte der Fortbestand der gegenwärtigen Organisation des Kleinverkaufs nötig
oder doch wünschenswert sei. Für wünschenswert halte auch ich ihn in größeren
und mittleren Städten mit bestehenden und bewährten Einrichtungen. Allerdings
muß auch dort etwaigem Fiskalismus vorgebeugt werden, denn man spricht eine
einfache Wahrheit aus, wenn man feststellt, daß in manchen Städten die Strompreise nicht zuerst und teilweise auch heute noch nicht auf das Niveau gekommen sind, das nach dem Stand der Technik möglich gewesen wäre, und das die
Überlandzentralen versucht und teilweise durchgehalten haben. Und Privatunternehmungen muß man das Verdienst zusprechen, bahnbrechend vorgegangen
zu sein. Diese Erfahrungen sprächen natürlich nicht gerade für Verstaatlichung,
wenn nicht die Korrektur der Tarife durch den Wettbewerb gemeindlichen Klein-

verkaufs und der Selbsterzeugung bliebe. Sachlich ist zu überlegen, daß das Stromverkaufsgeschäft doch nicht eine so große Kunst ist, als man glauben machen will. Ich kann nicht folgen, wenn man, wie auch Herr Professor Klingenberg, dem Staate nicht die Beamten zutrauen will, die zwischen den vielerlei „einander widerstrebenden Interessen wirtschaftlicher und politischer (?) Natur den Ausgleich finden könnten". Bei den städtischen Betrieben hätte man mit Fug und Recht denselben allgemeinen Zweifel haben können — aber erfolgreiche Betriebe belehren einen des Besseren. Ferner hat man Gelegenheit gehabt, auch bei privatwirtschaftlichen Unternehmungen ein „Nachlassen der Anwerbung und Propaganda" und eine Benachteiligung des „kaufmännischen Geistes infolge bureaukratischen Betriebes" wahrzunehmen. In der Personalfrage ist für mich der Staat weder beim Groß- noch beim Kleingeschäft der notwendigerweise Unterlegene, und ich bin nicht recht sicher, ob die Einwendungen, die die Gegner des Staatsbetriebes machen, immer ganz aus voller Überzeugung kommen. In den Veröffentlichungen einer und derselben Organisation habe ich folgendes gelesen:

<table>
<tr><td>

Früher:

Ein Hauptvorteil der sogenannten gemischt - wirtschaftlichen Unternehmung wird meist darin gefunden, daß dem Unternehmen die „zahlreichen Erfahrungen und besonders die kaufmännischen und technischen Kenntnisse" der beteiligten Privaten nutzbar gemacht werden. Dem ist entgegenzuhalten, daß der Betrieb des eingerichteten Unternehmens, wie es dem ..... vorschwebt, verhältnismäßig einfach sein wird, da die gesamte Unterverteilung den einzelnen ..... Mitgliedern wie bisher überlassen bleibt. — Im übrigen ist es eine zwar oft gehörte, aber nicht bewiesene Behauptung, daß ein staatliches oder kommunales Unternehmen nicht ebenso tüchtige Kräfte bekomme wie ein privates. Nichts hat den ..... gehindert oder wird ihn hindern, sich tüchtige Kräfte aus der Privatindustrie heranzuziehen; er wird es um so mehr und leichter können, je mehr er sich dazu entschließt, in der Bezahlung den Gepflogenheiten des privaten Erwerbslebens Rechnung zu tragen.

</td><td>

Später:

Gegen die Übernahme von wirtschaftlichen Aufgaben ähnlicher Art und Umfangs durch behördlich geleitete Staatsbetriebe wird allgemein mit Recht eingewendet, daß ihre dem staatlichen Verwaltungsorganismus ressortmäßig eingegliederte Leitung an all den Bedingungen und Hemmungen teilnehmen müsse, die die staatliche Behördenverfassung und das Etatrecht mit sich bringen, daß die Rücksicht auf die Besoldungsordnung es dem Staate erschwere, zur Gewinnung erstklassiger leitender kaufmännischer und technischer Kräfte die erforderlichen Bezüge auszuwerfen und daß die Bindung an das Bewilligungsverfahren mit seinen zweijährigen Haushaltsperioden die Aufwendungen großer Beträge zu rascher Durchführung technischer und wirtschaftlicher Fortschritte hemme.

</td></tr>
</table>

Die Forderung der **Fachwelt** kann keine andere sein, als die, daß der Kleinverkauf dem überlassen wird, der jeweils am besten in der Lage ist, ihn zu besorgen. Es handelt sich also um die bekannte Regelung „von Fall zu Fall". Im Gegensatz zur Großerzeugung liegt dabei kein technisch oder wirtschaftlich zwingender Grund für den Staat vor, überall einzugreifen. Auf dem Lande und in kleinen Städten, wo heute der Zähler- und Kassendienst den Betriebsleitungen und kaufmännischen Abteilungen der Gemeinde-, Zweck-, Provinzialverbände oder Privatunternehmungen manche Sorge und Kosten bereiten, wird der Staat oft durch Heranziehung bereits für andere Aufgaben vorhandener Beamter und bestehender Dienststellen im Nebenamt vorteilhafter wirtschaften als andere Unternehmer; in größeren Städten und deren Umgebung wird es umgekehrt sein können.

Im allgemeinen wird man das gleiche zu erwarten haben, was sich bei der Verstaatlichung der Eisenbahnen zugetragen hat. Die Erfahrungen haben sich da im Gesamtergebnis als derartig gute erwiesen, daß wohl niemand im Ernst vorschlagen würde, zur Privatwirtschaft zurückzukehren. Stetigkeit und Tradition hat zu der einem erheblichen Teil unserer heutigen Stromversorgungswirtschaft fehlenden, planmäßigen Ausbildung des Personals und zu einheitlicher Zusammenfassung und Verwertung der durch ehrliche Berichterstattung mitgeteilten Erfahrungen geführt, und weder die Leistungsfähigkeit noch die Wirtschaftlichkeit des Betriebes beeinträchtigt. Die Industrie hat gemeinsam mit der Verwaltung die Betriebsmittel erfolgreich und rechtzeitig zu immer größerer Vollkommenheit entwickelt. Der Vergleich gilt streng sachlich und auf der ganzen Linie. Er läßt sich auch auf die Klein- und Straßenbahnen ausdehnen, die, ebenso wie es mit dem Kleinverkauf des Stromes sein wird, zum großen Teil freierem Wettbewerb überlassen bleiben konnten.

Die besonders große Sicherheit gegen Betriebsunterbrechungen, deren der Großkraftwerksbetrieb bedarf, wird zu einem Teile durch die Kupplungsleitungen erreicht werden. Durch sie werden Wasserkraft- und Dampfanlagen selbst bei großen Entfernungen in glücklicher Weise gegeneinander ergänzt. Sind sie eingerichtet, so soll eine Handhabung des Dienstes eintreten, bei der die Leistung der jeweils laufenden Betriebseinheiten in Belastungszonen gehalten werden, die guten Wirkungsgrad ergeben. Das ist kein neuer Gedanke — Anlagen wie die Berliner Elektrizitätswerke haben ihn schon vor Jahrzehnten im kleinen verwirklicht. Neu ist aber die beim Großbetrieb aus der Notwendigkeit einheitlicher, von örtlicher Vorliebe oder geschäftlichen Sonderrücksichten unbeeinflußter Betriebsleitung sich ergebende Folgerung, daß hier wiederum eine Aufgabe vorliegt, zu deren Lösung die staatlichen Organe berufen erscheinen; es handelt sich um Zusammenfassung und wiederum Unterteilungen über das ganze Land hinweg und jeweils unaufhaltbar schnell eintretende Wirkungen, die weiter reichen, als es bei irgendwelchen anderen Betrieben vorkommt.

Professor Klingenberg spricht von einem „Elektrizitätsamt“, das unter Ausnutzung des Fernsprechers die entscheidenden Kommandos gibt. Der „Meinungsaustausch“ bietet nicht den Raum, auf solche an sich sehr wesentlichen Fragen im einzelnen einzugehen, und diese Sonderfrage ist wohl auch noch nicht reif zur öffentlichen Erörterung. Deshalb will ich nur das kurz sagen: Gebraucht wird eine Zentralkommandostelle dereinst wohl werden, auch wenn das Landesnetz sektionsweise und nicht ganz geschlossen betrieben werden sollte. Dies Amt wird aber, wie ich fürchte, nicht ganz so einfach sein wie sein Name, und das Telephon wird für seinen Betrieb allein nicht genügen. Es erscheint mir als eine sehr reizvolle Aufgabe, ein solches Amt im einzelnen auszuarbeiten, und es möchte unbedingt darauf zurückgekommen werden, aber erst im Laufe der Zeit und, wenn noch so manche Erfahrung gemacht sein wird. „Zeit“ ist dabei nicht die Bezeichnung für eine sehr lange Frist.

Im vierten Teil seines Vortrags hat Herr Professor Klingenberg einige Zahlen genannt. Die Tabelle von Dr. Siegel aus dem Juni 1915 könnte vermuten lassen, daß den Großkraftwerken aus den noch vorhandenen Einzelanlagen ein sehr großer Stromverbrauch zufallen wird. Das ist aber so noch nicht unzweifelhaft; es muß erst eine genauere Nachweisung über die Einzelanlagen gegeben werden. Zahlreiche Betriebe sind sicherlich darunter, die mit Wasserkräften, Abgasverwertung usw. arbeiten und weiter für sich bleiben werden, und gerade sie werden bei großer Anzahl der jährlichen Benutzungsstunden auf die kWh-Menge viel ausmachen.

Weiter möchte ich im Augenblick an dieser Stelle aus dem schon früher genannten Grunde auf die Zahlen nicht eingehen.

Die am Schluß gegebenen Darlegungen über die beim Gedanken einer etwaigen Besteuerung der elektrischen Arbeit wachgerufenen Erwägungen und die bedeutungsvollen wirtschaftlichen Zusammenhänge, die dabei betroffen werden, erscheinen mir sehr bemerkenswert und technisch ziemlich erschöpfend. Zu vermissen ist die Behandlung des Verkaufs nach Pauschalsätzen und Grundgebührtarifen, die zunächst noch nicht entbehrt werden kann. Die Bemerkungen über schnell laufende Transmissionen mit Kugellagern erscheinen mir etwas zu optimistisch — nach meiner Erfahrung auch hinsichtlich des Vergleichs der Anlagekosten. Gesprächsweise hörte ich die Einwendung, daß man sich nicht selbst als Steuerobjekt anbietet; indessen handelt es sich nicht um ein Anbieten, sondern um rechtzeitige Klärung der tatsächlichen Verhältnisse, damit nicht Sachunverständige vorzeitig eingreifen. Auch diese Frage möchte also weiter erörtert werden, wobei insbesondere die Vergleichsbasis der 6500 cal. für die Kilowattstunde nachzuprüfen wäre. Sie ist wohl keine so konstante Größe, daß man sie ohne weiteres auf die Dauer oder auch nur für lange Fristen zugrunde legen darf.

<h2 style="text-align:center">V.</h2>

Die Zentralisierungsbestrebungen in der Elektrizitätsversorgung.

Von E. C. Zehme, Berlin[1]).

Die Aussprache über den auf der diesjährigen Hauptversammlung des Verbandes Deutscher Elektrotechniker gehaltenen Vortrag Klingenbergs über „Elektrische Großwirtschaft unter staatlicher Mitwirkung", die, wie der Vorsitzende der Hauptversammlung der „Vereinigung der Elektrizitätswerke" in Berlin am 4. und 5. Dezember, Direktor Meng, Dresden, in seiner Ansprache betonte, s. Z. in Frankfurt a. M. leider nicht stattgegeben war, zieht immer weitere Kreise. Es sind hier schon mehrere Äußerungen aus der Praxis zur Kenntnis der Leser gebracht worden. Unter denen, die hierzu bis heute das Wort ergriffen, fehlte u. a. noch die „Vereinigung der Elektrizitätswerke", die als solche schon seit einiger Zeit eine Erörterung der Frage in Aussicht stellte. Diese Aussprache hat nun in der, im Abgeordnetenhause zu Berlin abgehaltenen, Hauptversammlung der Vereinigung der Elektrizitätswerke stattgefunden.

Die Hauptversammlung stellte sich, um das Ergebnis des Abends schon an dieser Stelle vorwegzunehmen, im großen ganzen auf die Seite der Gegner der Klingenbergschen Vorschläge. Trat das schon in dem Hauptberichte klar zutage, so wurde es von fast allen weiteren Rednern noch unterstrichen, ohne daß bei der Zentralisierung der Elektrizitätsversorgung eine staatliche Mitwirkung als unerwünscht oder unrichtig bezeichnet worden wäre.

Die Verhandlungen der Hauptversammlung nahmen etwa folgenden Verlauf: Direktor **Dr. Ernst Voigt**, Kiel, erstattete den

Hauptbericht:

1. Die ganze Entwicklung der öffentlichen Elektrizitätslieferung stelle eine fortschreitende Zentralisierung dar. Die leichte Übertragbarkeit des Stromes scheine heute auf eine Zusammenfassung der Erzeugung und Verteilung des Stromes durch den Staat hinzuweisen. Dieser Plan sei indes bisher über eine theoretische

---

[1]) Abdruck aus E. T. Z. 1916, Heft 52.

Erörterung noch nicht hinausgekommen. Der Krieg habe auf die Behandlung der Frage beschleunigend eingewirkt, so daß sie nun auch von der praktischen Seite aus betrachtet werde. Die einen wünschten, dem Staat nur die Großerzeugung des elektrischen Stromes, die andern hierneben auch noch die Stromverteilung zuzuweisen. Die geschichtlich gewordenen Verhältnisse der heutigen Elektrizitätserzeugung und -verteilung ständen einer solchen Verstaatlichung hindernd im Wege. Ohne an Erweiterungsbauten zu denken, erfordere der Ankauf der Elektrizitätswerke und -netze heute ein Kapital von fast 3 Milliarden M., dem ein sofort erzielbarer jährlicher Reingewinn von nur 30 bis 50 Millionen M. gegenüberstände. Hieran müsse der Plan einer die ganze Versorgung umfassenden staatlichen Elektrizitätswirtschaft scheitern. Es sei deshalb von Dr. Klingenberg auf der diesjährigen Hauptversammlung des Verbandes Deutscher Elektrotechniker und von Dr. Siegel in den „Preußischen Jahrbüchern" eine Beschränkung der staalichen Elektrizitätswirtschaft auf die Stromerzeugung empfohlen worden.

2. Redner tritt nun der eigentlichen Frage näher und zeigt, daß die staatliche Beteiligung an der Elektrizitätswirtschaft entweder in Besteuerung der Elektrizität oder in Verbilligung seiner Groß-Elektrizitätserzeugung bestehen könne. Da die Steuerfrage nicht zur Erörterung steht, kommt Redner sofort auf letzteren Punkt zu sprechen. Von einem Reingewinn am anzulegenden Kapital über die Verzinsung hinaus werde nur in ganz bescheidenem Maße gesprochen werden können. Man betone als Vorteil der staalichen Großerzeugung deshalb mehr die Kohlenersparnis und Unterstützung und Hebung des Wirtschaftslebens. Die öffentlichen Elektrizitätswerke verbrauchten heute indes nur 2 Prozent der gesamten Kohlenförderung. Selbst eine größere Kohlenersparnis in der Elektrizitätserzeugung würde deshalb für die gesamte Kohlenwirtschaft von zwerghafter Bedeutung sein. Redner wies hier auf den kläglichen Wirkungsgrad der Wohnungsheizungen hin, die eine 4- bis 6mal größere Kohlenmenge als die Elektrizitätswerke verbrauchten. Der Kohlenaufwand betrage heute 1,25 bis 1,0 kg für 1 kWh, selbst bei verhältnismäßig kleinen Werken. Das beste Ergebnis bei sehr großen Maschineneinheiten sei 0,9 kg. Die 100 000-Volt-Leitungen einer staatlichen Großerzeugung brächten Verluste von 0,1 kg/kWh Kohle.

Die Ersparnis an Eisenbahnfrachten sei ebenfalls unwesentlich, da die Beförderung obengenannter Kohlenmengen nur etwa 0,8 Prozent des gesamten Güterverkehrs darstelle und etwaige Kohlenersparnisse diesen geringen Anteil nicht merklich beeinflußten, ja sogar durch die weiten Kohlenförderungen von den Kohlenlagern von Rheinland-Westfalen, Oberschlesien und Mitteldeutschland nach im Norden und Osten Deutschlands gelegenen staatlichen Großkraftwerken wieder aufgehoben würden.

3. Zur eigentlichen Stromverbilligung mit Groß-Elektrizitätserzeugung übergehend, kommt Redner dann auf die Hauptfrage der ganzen staatlichen Selbsterzeugung der Elektrizität zu sprechen und bemerkt, daß in dem Gesamtpreis, den der Kleinabnehmer wie auch der Großabnehmer für die Elektrizität zu zahlen haben, nur ein kleiner Teil auf die Erzeugung im Elektrizitätswerke falle, während der Rest (bei 40 Pf. Strompreis etwa 35 Pf.) auf das Verteilungsnetz und den Gewinn komme. Der Kleinabnehmer habe deshalb ohne weiteres von einer staatlichen Großerzeugung keine günstigen Preise zu erwarten, eher Strompreiserhöhungen. Bei Großabnehmern, unter denen Redner solche Verbraucher versteht, die sich den Strom als Betriebshilfsmittel wirtschaftlich selbst erzeugen könnten, seien die Kosten der Strombeschaffung gegenüber den sonstigen Unkosten außerordentlich, teilweise sogar verschwindend klein; kleinere Ersparnisse seien also auch hier so gut wie nicht fühlbar. Zudem sei der Großabnehmer auf öffentliche Elektrizitätswerke gar nicht einmal angewiesen. Wenn er sich an öffentliche Elektrizitätswerke anschließe, so tue er das häufig nicht wegen einer größeren Wohlfeilheit

des Stromes, sondern aus anderen Gründen, z. B. um Anlagekapital zu sparen, schnell Erweiterungen seiner Fabrik vornehmen zu können, ohne eine eigene elektrische Anlage erweitern zu müssen usw.

Für eine Reihe von Großindustrien könne der Fremdbezug, wenn überhaupt, so nur aushilfsweise in Frage kommen. Diese Fabriken, wie z. B. Zuckerfabriken, Brauereien, chemische Werke usw., gebrauchten große Wärmemengen, bei deren Beschaffung die Elektrizität gewissermaßen als Abfallstoff außerordentlich billig und einfach mitgewonnen werden könne.

Trotz niedriger Strompreise haben große industrielle Betriebe an öffentlichen Elektrizitätswerken weniger Interesse als umgekehrt, da letztere ohne industrielle Anschlüsse weder große Maschinensätze aufstellen, noch sie mit günstigem Kohlenverbrauch betreiben könnten.

In der **Landwirtschaft** werde ein jährlicher elektrischer Stromumsatz von 2000 kWh für 1 qkm nicht überschritten, während er in industriellen Gegenden, z. B. Sachsen, auf 14 000 kWh/qkm steige. An diesen Zahlenverhältnissen könne, von der Einführung des elektrischen Pfluges abgesehen, selbst wenn der preußische Staat den landwirtschaftlichen Gegenden seine Fürsorge zuwende oder ihnen wohl gar in Zukunft den Strom ganz schenken würde, kaum viel geändert werden. Die Verstaatlichung der Elektrizitätserzeugung würde auf die industrielle Entwicklung der landwirtschaftlichen Bezirke wenig Einfluß haben, zumal sich nach. den Plänen Klingenbergs der Staat gar nicht mit Stromverteilung beschäftigen solle, die aber gerade in landwirtschaftlichen Gebieten wegen des geringen Stromumsatzes eine größere wirtschaftliche Schwierigkeit böte, als die Stromerzeugung.

Wenn es sich um große Fabriken handele, die die Elektrizität als **Betriebsstoff** verwenden, z. B. in der Elektrochemie, so müsse die Elektrizität so billig wie möglich beschafft werden. Solche Werke könnten also nur in Kohlengebieten oder bei großen Wasserkraftwerken Platz finden. Der Strombedarf sei so groß, daß man für ihn allein voll belastete eigene Elektrizitätswerke allergrößten Maßstabes bauen müsse. Diese Werke arbeiteten mit 6000 bis 6500 h im Jahr, demgegenüber gewöhnliche Elektrizitätswerke nur 2000 bis 3000 ,,Benutzungsstunden'' im Jahr hätten.

4. Hierauf wendet sich Redner zu einer Betrachtung über den **augenblicklichen Stand der Elektrizitätsversorgung** Deutschlands. Klingenberg und Siegel benutzten für ihre Betrachtungen die Statistik, nach der in Deutschland 4000 ,,öffentliche'' Elektrizitätswerke vorhanden seien, die 2,8 Milliarden kWh verkauften. Die Grundlagen dieser Statistik seien indessen sehr unsicher. Von den 4000 Werken müßten etwa 1000 abgezogen werden, die ihren Strom von anderer Seite beziehen. Auch kleine Privatanlagen, die an kleine Gemeinden noch Strom abgeben, müßten aus der Statistik ausscheiden.

Die große Zahl der in der Entwicklung der Elektrizitätsversorgung gebauten Elektrizitätswerke sage nichts weiter, als daß der Bedarf an Elektrizität früher vorhanden war, als die Möglichkeit, ihn aus großen Überlandnetzen zu befriedigen, und daß es wirtschaftlich außerordentlich schwierig sei, vielfach sogar unmöglich, bestehende Elektrizitätswerke an ein Überlandwerk anzuschließen. Der gesunde Zug zu einer Zusammenfassung der Elektrizitätserzeugung sei heute schon stark vorhanden. Was in 10 Jahren historisch erwachsen sei, könne man nicht von heute auf morgen aus der Welt schaffen; es könne nur ganz allmählich zum Verschwinden gebracht werden.

Von den gesamten Elektrizitätswerken lieferten etwa 500 durchschnittlich im Jahre je 50 Mill. kWh und 2500 Werke durchschnittlich je 0,1 Mill. kWh. Die praktische Elektrizitätswirtschaft habe sich schon ohne Druck von außen die Aufgabe gestellt, die 2500 Werke zum Anschluß an die 500 Werke zu bringen, welcher Vorgang durch die Pläne staatlicher Erzeugung nicht wesentlich gefördert werden könne, da hier wirtschaftliche Schwierigkeiten der Verteilung zu überwinden seien, von der sich nach den Plänen Klingenbergs der Staat aber gerade fernhalten solle.

Die Absatzgebiete der Elektrizitätswerke seien vielfach außerordentlich zerrissen und entbehrten der zur Erzielung höchster Wirtschaftlichkeit erforderlichen Abrundung und Abgrenzung. Hier suche ein Ministerialerlaß des preußischen Handelsministers vom Mai 1914 heilend einzugreifen mit dem Ziele, „daß die Elektrizitätsversorgung noch freier Gebiete nicht willkürlich von der oder jener Unternehmung in Angriff genommen werde, sondern daß die Versorgung in der wirtschaftlichsten Form erfolge". Zur Durchführung einer solchen Politik habe die preußische Regierung die nötigen Machtmittel in der Hand, weil sie widerstrebenden Elektrizitätswerken die Kreuzung von Staatsbahngelände mit elektrischen Leitungen verweigern könne.

Redner wendet sich nun der Widerlegung der einzelnen von Prof. Klingenberg und Dr. Siegel aufgestellten Behauptungen zu. Die Genannten wollten in Preußen 30 elektrische Großkraftwerke bauen und diese Kraftwerke durch 100 000-Volt-Leitungen, die in Form von Freileitungen über das ganze Land gehen, „verkuppeln". Der Staat solle die Elektrizität im großen erzeugen, der Kleinverkauf solle den bisherigen Elektrizitätswerkbesitzern belassen bleiben. Durch die elektrische Verkuppelung der Großkraftwerke solle ein gewisser Ausgleich zwischen den elektrischen Bedürfnissen der verschiedenen Landesteile herbeigeführt und große Ersparnisse an Maschinenmitteln und Kohlen gemacht werden. Klingenberg folgere z. B. hieraus eine Verbesserung der Maschinenausnutzung um 50 bis 100 Prozent, könne indes für seine Behauptungen keine stichhaltigen Beweise bringen. Für hohe Ausnutzung und elektrischen Ausgleich zwischen öffentlichen Elektrizitätswerken und Industrien gebe Rheinland-Westfalen große Beispiele. Es bestehe die Gefahr, daß mit dem Größenwachstum der öffentlichen Elektrizitätswerke der wirtschaftliche Anreiz zum Ausbau kleiner Wasserkräfte für die nächsten Jahre sinke. Das Kapital namentlich für kleine Wasserkraftanlagen sei nach dem Kriege schwierig zu beschaffen. Die bescheidenen, bei den staatlichen Großkraftwerken zu machenden Ersparnisse würden durch die teuren 100 000-V-Ausgleichsleitungen und Transformatorstellen wieder verschlungen. Seien für staatliche Großkraftwerke erst einmal große Kapitalien festgelegt, so würde eine Durchsetzung der Kohlenausnutzung sehr erschwert sein. Eine Gewinnung der Nebenerzeugnisse aus den Brennstoffen sei schon heute praktisch möglich, wenn man die Elektrizitätswerke mehr in Gemeinschaft mit den Gaswerken betreibe, die allmählich nach den neuen Gesichtspunkten auszugestalten seien.

Redner erläutert an dem Vergleich mit Sachsen, wie schwierig die Elektrisierungspläne in Preußen durchzuführen sein würden. Sachsen, das ebenfalls eine staatliche Elektrizitätserzeugung erfahren solle, sei kleiner als die kleinste preußische Provinz und solle minderwertige, nicht fortschaffbare Brennstoffe ausnutzen. Preußen hingegen, das dem Flächeninhalt nach 23 mal größer als Sachsen ist, müsse seine Elektrzitätserzeugung vornehmlich auf die hochwertige Steinkohle gründen, deren Beförderung außerordentlich billig und überall hin möglich sei. Nach Klingenberg bleibe es unentschieden, ob der preußische Staat allein oder eine staatliche Organisation die elektrische Großerzeugung übernehmen solle. Es liege die Gefahr vor, daß die staatliche Elektrizitätswirtschaft in Abhängigkeit von der privaten elektrischen Großindustrie gerate.

Sehr bedenklich sei, daß Großkraftwerke mit dem großen Beiwerk von 100 000-V-Leitungen in der geplanten Ausdehnung nicht das gleiche Maß an Betriebssicherheit erreichten als Werke ohne diese Leitungen. Betriebssicherheit gehe vor Wirtschaftlichkeit. Diese Bedenken, die schon bei den gedrängten Absatzgebieten in Sachsen recht lebhaft waren, würden bei den preußischen Anlagen in unendlich verstärktem Maße wiederkehren.

Klingenberg wolle den staatlichen Strom nur von 100 000-V-Stellen ab verkaufen, d. h. nach dem theoretischen Muster, dessen praktische Undurchführbarkeit in Sachsen schon erwiesen sei. Auch in Preußen würde man zu Lasten des Milliarden-Großkraftbaues die Millionenunkosten von Mittelspannungsnetzen hinzunehmen wissen.

Bei den Tarifen machte Redner darauf aufmerksam, daß die kleineren sächsischen Gemeinden mit einem Tarif, der in bescheidener und sachrichtiger Weise auf große Stromabnahmemengen einen Nachlaß gewähre, sich übervorteilt fühlten. Der Staat könne diese natürliche Notwendigkeit nicht aus der Welt schaffen.

Dadurch, daß sich die staatlichen Großkraftwerke vorerst nur auf Lieferung des „Zuwachsstromes" beschränken sollen, d. h. derjenigen Strommengen, die von einem bestimmten Zeitpunkt über den alten Stromumsatz hinaus abgesetzt werde, würde die Wirtschaftlichkeit der Großkraftwerke für die ersten 10 Jahre stark herabgesetzt.

Der Kapitalbedarf, der von Klingenberg für seine Großkraftwerke auf 900 Mill. M. geschätzt sei, würde durch Verschiedenes, unter anderem auch Unvorhergesehenes, um 200 bis 300 Mill. M. erhöht werden. Weitere 100 bis 200 Mill. M. müßten für diejenigen Einrichtungen bereitgestellt werden, die die einzelnen Ortskraftwerke beim Anschluß an die Großkraftwerke für eigene Rechnung treffen müßten. Die 43 Mill. M., die Klingenberg für die Großkrafterzeugung über Verzinsung und Abschreibung hieraus ausrechne, würden bei dieser Vergrößerung des Kapitalbedarfes verschwinden. Wirkliche und bedeutende volkswirtschaftliche Vorteile ständen diesen ungenügenden Ergebnissen nicht gegenüber.

Klingenberg trage selber Zweifel, ob der Staat ohne fremde Unterstützung in der Lage sei, die Großerzeugung durchzusetzen. Der Bau der Großkraftwerke selber werde sich mit Hilfe der elektrischen Großindustrie natürlich glatt vollziehen. Die unausbleiblichen Schwierigkeiten lägen auf wirtschaftlichem Gebiet.

Den Klingenbergschen Fernkraftwerken stellt der Redner das Schema der Nahkraftwerke entgegen. Bei diesen Nahkraftwerken fallen die 100 000-V-Leitungen fort. Was die Klingenbergschen Großkraftwerke gegen die kleineren Nahkraftwerke voraushätten, verlören sie auf der anderen Seite durch die 100 000-V-Leitungen. Es sei somit eine wirtschaftliche Gleichheit zwischen den Klingenbergschen Fernkraftwerken und dem vom Redner aufgestellten System der Nahkraftwerke zu erwarten. Der Plan der Nahkraftwerke stelle nichts anderes dar als den natürlichen und wirtschaftlichen Ausbau vorhandener Ortskraftwerke durch die heutigen Besitzer unter Ausschaltung des Schwachen und Unbrauchbaren und habe außerdem den Vorzug, der Volkswirtschaft an Anlagekapital Millionen Mark gegenüber den Klingenbergschen Plänen zu ersparen.

Der Redner faßt seine Darlegungen wie folgt zusammen:

„Eine volkswirtschaftliche Notwendigkeit für eine Verstaatlichung der Elektrizitätserzeugung ist nicht zu erkennen. Es steht nach Ausführung solcher Pläne zu befürchten, daß der Staat infolge der geringen finanziellen Ergiebigkeit der Großerzeugung allein bei dieser nicht stehenbleiben wird, sondern zum Ankauf der elektrischen Kleinverteilungsnetze schreiten muß, um die Kleinverkaufspreise nach fiskalischen Gesichtspunkten zu regeln. In den Klingenbergschen Plänen wird eine künstliche Beschleunigung einer überspannten Zentralisierung erblickt, die der privaten elektrischen Großindustrie zum Schaden der allgemeinen Volkswirtschaft erhebliche Baugewinne zufließen läßt."

Von den Mitberichterstattern berichtete darauf Baurat **Zell**, München,

Über die staatliche Elektrizitätspolitik in Bayern.

Die bayerische Staatsregierung trat an die Frage der staatlichen Elektrizitätsversorgung heran, als 1904 der Entwurf für ein Walchensee-Kraftwerk auftauchte, dessen Ausbau sie sich mit Rücksicht auf die geplante Elektrisierung der Staatsbahnen vorbehielt. 1909 genehmigte der Landtag den Ausbau des Walchensees für Zwecke des elektrischen Bahnbetriebes, von dem das Werk $^1/_3$ seiner Leistung abgeben und $^2/_3$ für die Industrie und Überlandwerke verwerten sollte. Die Elektrisierung der Staatsbahnen wurde dann auf eine spätere Zeit verschoben, und die Regierung stellte 1910 für eine einheitlichere Elektrizitätsversorgung des rechtsrheinischen Bayerns Richtpunkte auf, die vom Landtag 1910 genehmigt wurden, von denen bisher nur die Bestimmungen über die Benutzung von Staatseigentum einen erheblichen Ausbau erfuhren.

Die daraufhin von den neugegründeten und den meisten bestehenden Überlandwerken mit der Staatsregierung abgeschlossenen Verträge räumen den beteiligten Werken im allgemeinen das Recht auf eine zeitlich beschränkte Benutzung von Staatseigentum in bestimmten Bezirken ein und sichern ihnen die Unterstützung der Regierung für die Stromversorgung dieser Gebiete zu. Sie legen anderseits dem Überlandwerk Verpflichtungen auf über die Stromversorgung des Gebietes, die Preisgestaltung und den Übergang der Werke an den Staat nach Ablauf bestimmter Fristen.

Auf dieser Grundlage wurden neue Überlandwerke errichtet, vorhandene erweitert, so daß die Abgabe von Strom für den einzelnen Bedarf im Hause, in der Werkstatt, in der Landwirtschaft und in der Industrie für den größten Teil Bayerns als geregelt betrachtet werden kann. Dagegen sind die großzügigen Pläne für eine zusammenfassende Versorgung der Überlandwerke und Städte im großen aus bayerischen Wasserkräften noch nicht zur Reife gediehen. Die Genehmigung für den Ausbau weiterer Wasserkräfte für öffentliche Stromversorgung wurde bis zur vollen Ausnutzung des Walchenseewerkes zurückgestellt. Vor Inangriffnahme der Bauarbeiten, an deren Vorbereitung noch immer eifrig gearbeitet wurde, sollte aber nach Entscheidung des Landtages der Kraftabsatz vollständig gesichert sein. In der Öffentlichkeit wurden daher die der Regierung und dem Landtag im Herbst des Jahres 1915 unterbreiteten Vorschläge von Oskar v. Miller über Gründung eines Bayern-Werkes mit großer Anteilnahme aufgenommen. In ähnlicher Weise wie die Pfalzwerke, die unter Mitwirkung v. Millers vom Staate für die Stromversorgung der bayerischen Rheinpfalz im Jahre 1909 gegründet wurden, sollte in größerem Maßstab das „Bayern-Werk" die Stromversorgung des rechtsrheinischen Bayerns übernehmen. Der Landtag stimmte diesen Vorschlägen mit einigen Vorbehalten grundsätzlich zu, und so kann die Entwicklung der Elektrizitätsversorgung Bayerns unter Mitwirkung des Staats in der Richtung der Millerschen Vorschläge vermutet werden, wenn auch entscheidende Äußerungen der Regierung über die Annahme und Ausgestaltung dieser Vorschläge im einzelnen bis jetzt noch nicht vorliegen.

Die Gründung des Bayern-Werkes war für den Staat insofern von Belang, als der Stromabsatz aus den staatlichen Kraftwerken sichergestellt ist, für den Zusammenschluß der bayerischen Elektrizitätswerke die Stromerzeugung im ganzen rechtsrheinischen Bayern wesentlich verbilligt wird und der Industrie und der Landwirtschaft Vorteile gesichert werden.

Diese Vorschläge sind, abgesehen von einzelnen Forderungen, die als eine schwere wirtschaftliche Schädigung der Einzelwerke aufzufassen wären, und in dieser Form auch zweifelsohne von der Regierung nicht aufrechterhalten werden wollen, im allgemeinen auf gesunden Grundsätzen aufgebaut.

Da im Süden Bayerns große Wasserkräfte vorhanden sind, durch deren Ausnutzung ein großer Teil des Gesamtstrombedarfes Bayerns billiger als mit Kohle gedeckt werden kann, so ist von vornherein die Notwendigkeit gegeben, das Gesamtversorgungsgebiet durch ein einheitliches Leitungsnetz zu speisen. Das Gebiet findet seine Grenzen lediglich in der Größe der verfügbaren Wasserkräfte und in der Möglichkeit, die an bestimmten Stellen verfügbaren Wasserkräfte noch so wirtschaftlich zu übertragen und zu verteilen, daß die Erzeugungskosten des elektrischen Stromes in den Hauptverteilungsstellen die bei Dampferzeugung zu erzielenden Preise nicht überschreiten.

Bei den von mehreren beteiligten Werken durchgeführten Voruntersuchungen hat sich nun, wie Redner weiter ausführt, gezeigt, daß durch den Zusammenschluß von Nord- und Südbayern eine Verbesserung in der zeitlichen Ausnutzung der Maschinenleistung und damit eine Ersparnis an Anlagekapital für Kraftwerke und Leitungen, ein Vorteil, der für den Gedanken der Zentralisierung gewöhnlich ins Feld geführt wird, nicht erzielt werden kann. Die städtischen Werke haben annähernd zu gleichen Tageszeiten Höchstwerte der Stromabgabe. Die Belastungsspitzen der Überlandwerke fallen zwar auf andere Tagesstunden, treten aber für Nord- und Südbayern annähernd im gleichen Zeitpunkt auf. Es wird dementsprechend durch die Zusammenfassung einer Großstadt mit dem umliegenden Überlandgebiet zu einer Verbrauchsgruppe zwar eine Verbesserung der Ausnutzung erzielt, nicht aber durch den Zusammenschluß mehrerer derartiger Verbrauchsgruppen. So hat sich insbesondere gezeigt, daß die Zusammenfassung der großen Städte und Überlandwerke Südbayerns mit den Mittelpunkten München und Augsburg fast genau die gleiche zeitliche Lage der Höchst- und Mindestwerte im Verlaufe eines Tages zu den verschiedenen Jahreszeiten aufweist, wie für eine aus Stadt- und Landbezirken zusammengesetzte Verbrauchsgruppe annähernd gleichen Umfangs, nördlich der Donau, deren Mittelpunkt Nürnberg bildet. Da nun in beiden Verbrauchsgruppen zu gleichen Tageszeiten der Höchstverbrauch auftritt, so muß von dem gemeinsamen Großkraftwerk auch die Summe der beiden Höchstwerte gedeckt werden können. Mit einer Ersparnis an Maschinenleistung und Leitungskosten kann also nicht gerechnet werden. Es handelt sich vielmehr nur darum, den Strom aus den im Süden vorhandenen Wasserkraftanlagen nach dem Norden zu befördern und dort unter der Voraussetzung mindestens gleicher Wirtschaftlichkeit Kohlen so lange zu sparen, als der Bedarf aus den vorhandenen und noch neu zu errichtenden südlichen Wasserkräften gedeckt werden kann.

Redner kommt zu dem Schluß, daß diese Aufgabe endgültig nur durch den Zusammenschluß der Werke gelöst werden könne. In diesem Sinne sei daher die Stromversorgungspolitik für Bayern durch die geographischen Verhältnisse vorgeschrieben, im Gegensatz zu Verhältnissen in Verbrauchsgebieten mit Steinkohlenwerken, bei denen die zweckentsprechendste Lage des Kraftwerkes und die Größe des zweckmäßig anzuschließenden Verbrauchsgebietes der prüfenden Auswahl freigegeben sei. Für den Aufbau des neuen Unternehmens biete zweifellos die vorgeschlagene Form der gemischt-wirtschaftlichen Gesellschaft die günstigsten Aussichten. Die Gesellschaft beziehe auf Grund langfristiger Verträge den Strom aus Kraftwerken des Staates und ihrer Mitglieder, später auch aus eigenen Kraftwerken und verteile die gewonnenen Kräfte. Die Konzessionsbedingungen würden durch Vertrag zwischen dem Staate und der Gesellschaft geregelt werden.

Hierauf berichtete Direktor **Monath**, Ludwigsburg, über die

Stromversorgungsverhältnisse im Königreiche Württemberg

und führte aus, daß der Aufsaugungsprozeß volkswirtschaftlich nicht berechtigter Kleinwerke, wie die seitherige ruhige Entwicklung der Elektrizitätsversorgung zeige, ohne staatliche Erlasse und ohne Zwang vor sich gehe. Der württembergische Staat habe sich durch geeignete Verfügungen sein Hausrecht gewahrt, ohne die wirtschaftliche Entwicklung und den freien Wettbewerb der Elektrizitätswerke unter sich zu hindern. Der Ausgleich widerstreitender Interessen sei in volkswirtschaftlich günstigster Weise geschaffen worden. Das württembergische Gebiet werde bis jetzt von 273 großen und kleinen Werken versorgt. Viele kleine Werke besäßen Wasserkräfte, wodurch sie bei der Kohlenarmut des Landes durchaus ihre Daseinsberechtigung hätten.

Die großen Werke in Verbindung mit den kleinen Werken bewiesen gerade in der jetzigen Zeit, daß die württembergischen Werke ihren Aufgaben durchaus gewachsen seien, denn bei dem heutigen Ausbau der Werke seien von 2,5 Millionen Einwohnern rund 2 Millionen in der Lage, Strom zu beziehen.

Die auf der Tagesordnung noch vorgesehenen weiteren Berichte von Dr. Klein, Offenbach, und Ober-Maschineninspektor Schember, Karlsruhe, kamen der vorgeschrittenen Zeit wegen nicht zur Verlesung.

Nach Erstattung dieser Berichte erfolgte die Aussprache der Versammlung über die schwebende Frage. Zunächst ergriff das Wort Prof. **Dr. Klingenberg.** Er bedauere, nicht vorher die Arbeiten der Berichterstatter von der Vereinigung der Elektrizitätswerke habe erlangen zu können. Es sei für ihn begreiflicherweise schwer, jetzt ohne eingehende Vorbereitung auf eine solche Menge von Vorhaltungen, die sich mit seinem Vorschlage befaßten, antworten zu müssen. Er könne deshalb nur wenige Punkte herausgreifen und behalte sich vor, eingehend auf die gehörten Berichte in späterer Zeit zurückzukommen. Redner gab zunächst eine kurze Schilderung der Zentralisierungsbestrebungen in der Stromversorgung. Er betonte sodann die Wichtigkeit des Gleichzeitigkeitsfaktors, wie er diesen bereits in seinen in dieser Zeitschrift zum Abdruck gekommenen Arbeiten erläutert hat. Ein Zusammenschluß großer Elektrizitätswerke wirke hierauf sehr günstig ein. Die Verkupplung der Elektrizitätswerke hätte nach den Plänen des Redners, wie er sie in seinem Vortrage auf dem diesjährigen Verbandstage in Frankfurt a. M. entwickelt habe, durch Hochspannungsleitung von etwa 100 000 V zu erfolgen. Während der Belastungsfaktor bei den jetzigen Werken 0,2 bis 0,3 sei, würde er durch die Verkupplung großer Elektrizitätswerke auf 0,3 bis 0,4 steigen.

Was die Gewinnung der Nebenprodukte aus den für die Elektrizitätsversorgung verwendeten Brennstoffen anlange, so sei eine solche nur bei Großkraftwerken durchführbar, d. h. bei Werken mit möglichst gleichmäßiger Belastung, wovon die heutigen Elektrizitätswerke weit entfernt seien. Wie die Elektrizitätserzeugung sich heute vollziehe, sei es besser, die Gewinnung dieser Nebenprodukte nicht anzustreben. Die von v. Dewitz aufgestellte Behauptung, daß die Nebenprodukte um so lukrativer seien, je teurer die Kohle sei, sei unhaltbar.

Die von Herrn Voigt bemängelte Verminderung der Betriebssicherheit der Anlagen durch Einführung der Verkuppelungs-Hochspannungsleitungen von 100 000 V sei durchaus nicht zutreffend. Gerade die 100 000-V-Leitungen seien bei weitem die betriebssichersten von allen Übertragungen, die man heute habe. Die 80 000-V-Leitungen bei Bitterfeld hätten beispielsweise heute nach einem Betrieb über Jahr und Tag noch nicht eine einzige Störung aufzuweisen gehabt. Die Hochspannungsleistungen würden auf mindestens zwei Wege verlegt, oft aber auf drei und vier, so daß eine etwaige Unterbrechung der einen Leitung auf die Gesamtleitung gar keinen Einfluß habe.

Was Herr Voigt unterlassen habe, besonders zu betonen, sei die Überlegenheit sehr großer untereinander verkuppelter Kraftwerke hinsichtlich der Reserven. Während diese bei kleinen Werken bis zu 100 Prozent gingen, seien sie bei großen Werken der angegebenen Art sehr klein. Die Engerien werden unter den Werken ausgetauscht. Es sei der Fall denkbar, daß die Maschinen in Ostpreußen als Ersatz für Westfalen dienen könnten.

Ein wirtschaftlicher Nutzen der Stromversorgung nach seinem Vorschlage bestehe weiter in der Belastungsverschiebung der Großkraftwerke, die sich in geschickter Weise regeln lasse.

Die Art der heutigen Elektrizitätsversorgung würde auf eine Kohlenverwüstung hinauslaufen. Aus Wasserkräften seien noch Milliarden von Kilowattstunden gewinnbar, die elektrochemischen Werken zugeführt werden könnten und den mit Kohle arbeitenden Werken wesentlich zur Entlastung dienen würden. Alles das sei aber nur mit dem Ausgleichsystem der Hochspannungsleitungen möglich.

Direktor **Spengel** vergleicht das Gebilde der Klingenbergschen Elektrizitäts-verstaatlichungspläne mit einem Gebäude, das mitsamt seinen von anderer Seite errichteten Anbauten heute auf seine Wohnlichkeit untersucht werden solle. Hierbei will Redner vier Punkte zugrunde legen:

1. Die Zersplitterung der Elektrizitätsversorgung.
2. Die Vergeudung von Kapitalwerten.
3. Die Notwendigkeit sofortigen Einschreitens.
4. Die Notwendigkeit der Verstaatlichung.

Redner schickt voraus, daß die Verbandsstatistik, über die in der „ETZ" 1914, S. 447 bezüglich der Zersplitterung der Elektrizitätswerke von Thierbach berichtet worden sei und die allgemein als Unterlage benutzt werde, durchaus unzuverlässig sei, und betont vorweg daß Klingenberg den Nachweis, daß nur 20 000-kW-Maschinen billig arbeiteten, nicht erbracht habe. Die Zersplitterung in der Elektrizitätsversorgung sei nicht in dem Maße verwerflich, als man sie heute bezeichnet. Kleine entlegene Werke, die einen örtlichen Bedarf an Strom befriedigten, hätten vielfach durchaus Existenzberechtigung, es sei unwirtschaftlich, sie zu beseitigen. Auch bezüglich der Vergeudung von Kapitalwerten könne Redner der oben genannten Betrachtung über die Verbandsstatistik 1913 nicht zustimmen, die sich dahin äußere, daß die Werke fast doppelt zu groß seien und demnach viel zu geringe Belastungswerte aufwiesen. Die Entwicklung sei eben eine sehr rasche gewesen und die Werke hätten ihr entsprechend Vorsorge getroffen. Man habe sich in einem Übergangszustand befunden.

Die Entwicklung zur Großwirtschaft sei in weitem Maße in rüstigem Fortschreiten begriffen, daneben aber sei die Kleinwirtschaft, wie schon vorher betont, vielfach ebenso existenzberechtigt wie die Großwirtschaft. Angesichts der möglichen Entwicklung der Kohlenver- oder -entgasung, die z. Z. zwar noch völlig Neuland darstelle, erhöben sich weitere Bedenken gegen die Errichtung so enormer neuer Werke durch den Staat.

Die Mitwirkung des Staates in der Elektrizitätsfrage könne nur in der Förderung einer gesunden Entwicklung gesehen werden. Hier sei die staatliche Hilfe äußerst wünschenswert. Verbilligen würde die Verstaatlichung die Stromkosten nicht. Man höre oft Zahlen von 1 Pf/kWh für den Kleinabnehmer. Wenn die reinen Erzeugungskosten tatsächlich durch den Bau sehr großer Werke etwas verringert werden könnten, so würde der Strompreis für sie von 40 Pf. etwa auf 39 oder höchstens 38 Pf. heruntergehen, denn die Kosten der Verteilung, des Anschlusses, der Zähler, der Ablesung, der Rechnungsverteilung und all dieser Nebenleistungen wären gleich groß im Staats- oder Einzelbetrieb.

Man erspare dem Staate Milliarden, wenn man seine Mitwirkung darauf beschränke, der natürlichen Entwicklung die Wege zu ebnen. Warum sei die Verstaatlichung vorgeschlagen? Doch nicht um Milliarden auszugeben. Die Aussichten auf Verbilligung des Stromes, die viele zu Anhängern des Vorschlages gemacht, seien nicht begründet — das goldene Zeitalter allgemein billigen Stromes werde durch die Verstaatlichung nicht näher gerückt.

Redner schließt mit der offenen Frage: „Wer also habe Interesse an der Verausgabung dieser Milliarden?"

Oberbürgermeister **Plassmann,** Paderborn, wies darauf hin, daß die von Prof. Klingenberg vorgesehene Lieferung des Stromes durch den Staat an die

Städte und durch diese an die Verbraucher einen schweren Organisationsfehler bedeute. Die beiden letzteren müßten in unmittelbarer Fühlung miteinander stehen. Der Verbraucher habe kein Verständnis für die Vergrößerung der Kosten durch die Verteilung und werde in dem Mittelmanne einen überflüssigen Steuererheber erblicken und seine Beseitigung fordern. Selbst 50 jährige Lieferungsverträge würden die Städte nicht davor schützen, daß nach wenigen Jahren ein Gesetz das Staatsmonopel der Stromverteilung schaffe. Dringend seien die Städte zu warnen, den ersten Schritt in dieser Richtung zu unterstützen.

Er rate den Städten, sich untereinander zusammenzuschließen, um selbst große Kraftwerke zu bauen und daraus die Verbraucher unmittelbar zu beliefern.

Direktor **Dr. Passavant,** Berlin, betont nachdrücklich, daß die durch den Bau der Hochspannungsleitungen von untereinander verkuppelten Großkraftwerken für die Elektrizitätsversorgung zu erzielenden Ersparnisse bis jetzt nur auf dem Papier ständen. Es käme überhaupt nicht darauf an, ob 30 000 oder 100 000 kW oder ob 10 000 oder 100 000 V das Richtige seien. Diese Fragen seien nebensächlich und könnten noch lange den Gegenstand theoretischer Erörterungen der Sachverständigen bilden. Sehr zu bedauern sei aber, daß in einer solch umstrittenen Frage die Lösung durch Eingreifen des Staates jetzt herbeizuführen versucht werde in einer Zeit, wo alle Hindernisse der ruhigen unbefangenen Überlegung entgegenständen. Im übrigen sei die Zusammenfassung der Kraftwerke jetzt im Gange. Man stehe aber erst am Anfang der Entwicklung und sei darin bis jetzt auf dem besten Wege. Die Ausnutzung des Brennstoffs und die Gewinnung der Nebenprodukte sei dabei die wichtigste Frage. Über die Arbeit von v. Dewitz könne er im Gegensatz zu den Auslassungen Klingenbergs hierüber nicht ohne weiteres den Stab brechen. Sie stützte sich allerdings auf Dr. Besemfelder, dessen Ausführungen in der „Zeitschrift für technische Fortschritte" auf eine Monopolisierung der Kohlenvergasung hinausliefen, und dessen wirtschaftliche Rechnungen auf falscher Grundlage beruhten. Immerhin tue aber Dr. Besemfelder nichts anderes als Professor Klingenberg, er vertrete seine Überzeugung und rufe, um sie durchzusetzen, nach dem Staate. Alle diese Fragen müßten für eine ruhigere Zeit zurückgestellt werden.

Auf Fortschritte in der Elektrizitätserzeugung komme es erst in zweiter und dritter Linie an, in erster Linie auf einen zielbewußten Ausbau und sorgfältigste Organisation des Verbrauchs. Man müsse für Vervielfachung des Stromverbrauchs Sorge tragen und unter der Bevölkerung Verständnis für die Anwendung des elektrischen Stromes verbreiten. Man komme dann wahrscheinlich auch auf eine ganz andere Organisation der Elektrizitätsverteilung als Prof. Klingenberg. Die Elektrochemie allein stelle hierbei ganz besondere Aufgaben. So könnten manche Wasserkraftwerke in Bayern allein durch Elektrochemie voll ausgenutzt werden; dagegen trete die ganze Elektrizitätsverteilung über das flache Land zurück.

Dr. Voigt, Kiel, hält den Einwendungen Klingenbergs gegen seine in dem Hauptberichte des Abends aufgestellten Behauptungen entgegen, daß er eine Zentralisierung der Elektrizitätsversorgung durchaus nicht bekämpfe. Die bestehenden Elektrizitätswerke seien organisch weiter zu entwickeln, kleinere zu vereinigen. Er habe Berechnungen über die Verbindung von 6 bis 8 großen Elektrizitätswerken mit und ohne Ausgleichsleitungen aufgestellt, aber die Vorteile, die Klingenberg hierbei errechnet, ganz und gar nicht erhalten.

Die Betriebssicherheit sei ein relativer Begriff. Wenn man die Elektrizitätswerke nahe hat, daß man 100 000 V-Verbindungsleitungen gar nicht brauche, so sei die Stromversorgung eben noch betriebssicherer als „ganz betriebssicher". Der Bau von Wasserwerken sei selbstverständlich. Alle Rinnsale sollten ausgenutzt werden, erst aber müsse für ein Absatzgebiet gesorgt werden. Größere Wasserkraftwerke seien wohl nur am Rheine möglich. Wenn aber hier schon die Elektrochemie solche Wasserkraftwerke aufsauge, bliebe für die 100 000-V-Ausgleichsleitungen beispielsweise nach Königsberg nichts übrig.

Nachdem noch von seiten einiger weiterer Redner kürzere Bemerkungen gemacht worden waren, wurde die Sitzung in später Stunde geschlossen.

VI.
Elektrische Großwirtschaft unter staatlicher Mitwirkung.
Von G. Klingenberg, Charlottenburg[1]).

Unter diesem Titel macht uns Prof. Dr. Klingenberg im Anschluß an seine Ausführungen in der Hauptversammlung der Vereinigung der Elektrizitätswerke noch folgende Mitteilungen, die zugleich die Erweiterung eines in der „Vossischen Zeitung" vom 6. Dezember 1916 erschienenen Berichtes darstellen:

Die ersten Elektrizitätswerke waren kleine Anlagen für einzelne Wohnungen, für Wirtschaften und Kaffeehäuser, errichtet zum Teil aus Interesse an Neuem, zum Teil in dem Wunsche, den Gästen durch die Eigenart der Beleuchtung eine bewondere Anziehung zu bieten, mit einem Worte: Luxusanlagen.

Man hat dann sehr bald gefunden, daß die Ausdehnung auf benachbarte Wohnungen und Gebäude verhältnismäßig geringe Mehrkosten verursachte, so entstanden die Blockanlagen, die so weit reichten, wie Leitungen ohne besondere behördliche Erlaubnis verlegt werden konnten. Als sie anfingen, die Straßen zu kreuzen und auf benachbarte Blocks überzugreifen, besannen sich die Städte auf ihre Rechte, es entstanden die innerstädtischen Elektrizitätswerke, die die mangelhafte Zentralisierung der Krafterzeugung in den Blockzentralen in vollkommenerer Weise lösten und sehr bald die Blockwerke wirtschaftlich erdrückten, weil sich eben herausstellte, daß die wirtschaftlichen Vorteile zentraler Krafterzeugung viel größere waren als die Nachteile höherer Fortleitungskosten.

Der Prozeß ausgedehnterer Zentralisierung hat sich dann fortgesetzt. Die innerstädtischen Elektrizitätswerke (meistens Gleichstromwerke) wurden durch außerstädtische Kraftwerke (Wechselstromwerke) abgelöst, sie übernahmen die Versorgung des äußeren Stadtringes, der Vororte und schließlich der benachbarten Gemeinden, bis endlich die Überlandwerke größeren und kleineren Umfanges entstanden, die den heutigen Zustand darstellen.

Bei dieser Entwicklung hat sich die Steigerung der Zentralisierung, nicht nur die räumliche Vergrößerung des Versorgungsgebietes, auch die Ausdehnung auf neue Verbraucher, kurzum die Zusammenfassung möglichst vielgestaltigen Verbrauches stets als wirtschaftlich richtige Maßnahme erwiesen, und es ist unbestritten, daß die Erzeugungskosten des Stromes in desto stärkerem Maße gefallen sind, als die Zentralisierung fortschritt.

Der Prozeß gesteigerter Zentralisierung hätte sich von selbst in raschem Tempo weiter vollzogen, wenn nicht überall die politischen Grenzen und die durch die Wegebesitzer errichteten Schranken dieser Entwicklung Halt geboten hätten. So hat sich jetzt der Zustand eingestellt, daß das Versorgungsgebiet des einzelnen Werkes sich nicht nach den natürlichen wirtschaftlichen Grenzen richtet, es wird vielmehr durch Zufälligkeiten beeinflußt, die mit richtiger Wirtschaftspolitik nichts zu tun haben.

Jetzt wird mit einem Male behauptet: Nun ist es aber genug, weiter darf die Zentralisierung nicht fortschreiten. Für diese Behauptung wird der Beweis gesucht.

---

[1]) Abdruck aus E. T. Z. 1916, Heft 52.

Wir wollen zunächst feststellen, daß unsere sämtlichen Elektrizitätswerke ihre wirtschaftliche Existenzberechtigung nur dem Umstande verdanken, den wir technisch durch den sogenannten Gleichzeitigkeitsfaktor ausdrücken, d. h. die Tatsache, daß die Verbrauchsspitzen der einzelnen Abnehmer des Werkes zeitlich nicht zusammenfallen, daß sie desto weniger sich überdecken, je verschiedenartiger der Verbrauch ist.

Hätten wir beispielsweise ein Kraftwerk mit einer Leistung von 1000 kWh errichtet, zu dem Zwecke, 10 gleichartige Fabriken mit einer Höchstleistung von je 100 kW zu versorgen, die über einen gewissen Bereich verstreut liegen mögen, so zeigt schon eine einfache Rechnung, daß ein solches Kraftwerk nicht imstande sein würde, diesen Fabriken den Strom so billig zu liefern, wie sie ihn selbst zu erzeugen vermöchten. Die Erzeugung in dem größeren Kraftwerk wird zwar an sich billiger ausfallen als die Erzeugung in den einzelnen Kraftwerken der Fabriken. Dieser Vorteil ist aber nur gering, er wird überdeckt durch den Nachteil der größeren Fortleitungskosten. Ein solches Unternehmen würde nicht lebensfähig sein. Lediglich der Umstand, daß die 10 Fabriken in Wirklichkeit nicht gleichartige Betriebe sind, daß ihre Belastungskurven voneinander abweichen, daß die Höchstbelastungen zeitlich nicht zusammenfallen, bewirkt, daß für die Versorgung der 10 Fabriken nicht ein Kraftwerk von 1000 kW erforderlich ist, daß vielleicht ein solches von nur 600 kW, in Anlage und Betrieb wesentlich billiger, zur Versorgung ausreicht. Das gleiche gilt für das Leitungsnetz. Technisch gesprochen: Wir haben den Vorteil eines Gleichzeitigkeitsfaktors von 60 Prozent.

Hätten wir ein anderes Kraftwerk lediglich zu dem Zwecke errichtet, die Ladengeschäfte der inneren Stadt mit Beleuchtung zu versehen, so würde zwar hierfür schon ein sehr ansehnliches und großes Kraftwerk erforderlich sein. Ich brauche aber nicht auszurechnen, daß die Belieferung dieser Geschäfte auch nur mit einem Strompreis von 40 Pf/kWh ganz undenkbar wäre. Die Ausnutzung des Kraftwerkes wäre die denkbar schlechteste, die Benutzungszeit, auf die Spitze bezogen, würde etwa 600 h betragen, die Belastungsspitzen treten gleichzeitig auf, das Kraftwerk müßte für die Summe dieser Spitzen eingerichtet sein. Erst der Umstand, daß das Kraftwerk in Wirklichkeit nicht nur Ladenbeleuchtung zu liefern hat, daß sich vielmehr in ihm und im Leitungsnetze der verschiedenartigste Verbrauch vermischt, daß wir, technisch gesprochen, bei großstädtischen Werken mit einem Gleichzeitigkeitsfaktor von 20 bis 30 Prozent zu rechnen haben, d. h. das Kraftwerk nur für 20 bis 30 Prozent der Summe aller Verbrauchsspitzen eingerichtet zu werden braucht, ermöglicht die jetzigen niedrigen Tarife und erlaubt schließlich, auch die Läden mit billiger Elektrizität zu versehen.

Ich habe Ende 1913 eine eingehende Untersuchung darüber angestellt, wie groß die wirtschaftlichen Vorteile sein würden, wenn man in Großstädten die Durchmischung des Verbrauches bis zu der praktisch möglichen Grenze durchführen würde. Es hat sich das interessante Ergebnis gezeigt, daß die Ausnutzung der Kraftwerke so gut werden würde, wie sie durch die beste der städtischen Belastungen, nämlich durch die Bahnen, erzielbar ist. Mit anderen Worten: Die vollständige Durchmischung des Verbrauches ergibt eine Ausnutzung, die so gut wäre, als wenn die volle Leistung des Kraftwerkes lediglich für Bahnzwecke in Anspruch genommen würde.

Die wirtschaftlichen Vorteile, die aber mit der höheren Ausnutzung der Kraftwerke verbunden sind, sind so außerordentlich große, daß die Erzeugungskosten unter Umständen auf einen Bruchteil der bisherigen fallen.

Das gleiche gilt auch für die Fortleitungskosten, was von der Gegenseite übersehen wurde. Auch in den Leitungsnetzen bewirkt die innigste Vermischung aller Verbraucher eine wesentliche Verminderung der Fortleitungskosten, die dann natürlich auch dem Kleinverbraucher zugute kommt.

Auch der Gegenstand meines Frankfurter Vortrages ist im wesentlichen der gleiche, nämlich die Untersuchung des wirtschaftlichen Ergebnisses, das entsteht, wenn die Durchmischung des wirtschaftlichen Ergebnisses so weit getrieben wird, wie sie überhaupt bei uns denkbar ist, wenn eine einheitliche Elektrizitätserzeugung für ganz Deutschland, zum mindesten aber für ganz Preußen stattfindet. Ich habe für letzten Fall die Reinüberschüsse zu 40 Mill. M. errechnet. Hierbei bitte ich aber nicht zu vergessen, daß vorher bereits 12 Prozent des Anlagekapitals der Kraftwerke, 10 Prozent des Anlagekapitals der Leitungsnetze für Verzinsung und Abschreibungen abgesetzt worden sind, und daß ferner mit einem Satze für Verschleiß und Erneuerungen von 1,5 Prozent gerechnet wurde. Das sind sehr hohe Beträge, wenn die besondere Tilgung für Konzessionsheimfall nicht gerechnet zu werden braucht.

Es ist mir der Vorwurf gemacht worden, daß dieser Überschuß die Aufbringung der großen Kapitalien nicht rechtfertige, die für ein derartiges großzügiges Elektrizitätsprogramm erforderlich wären. Man hat sogar behauptet, ich habe bei der Berechnung die Bauzinsen vergessen, ein Fehler, den ich einem Studenten übelnehmen würde. Ich hätte ferner den Einnahmeausfall des Staates, der sich aus der Verminderung der Kohlentransporte ergeben würde, außer Ansatz gelassen.

Der wesentlichste Vorwurf ist aber der gewesen, daß durch meinen Vorschlag die bestehenden Werke entwertet würden. Um mit diesem anzufangen, so begreife ich nicht, wie ein ernsthafter Leser aus dem Inhalte meines Frankfurter Vortrages diesen Schluß ziehen kann. Bereits in der Einleitung sagte ich ausdrücklich, die Voraussetzung meiner Arbeit sei, daß bestehende Werte nicht vernichtet werden dürfen. Die Tendenz der ganzen Arbeit weist geradezu auf dieses Ziel hin. Ich habe nur dort die Aufgabe des eigenen Betriebes als möglich hingestellt, wo die Ersparnisse so groß werden würden, daß gleichzeitig die Verzinsung und Abschreibung des stillgelegten Werkes gedeckt werden könnten, und habe ausführlich bewiesen, daß dies bei mittleren Werken nicht der Fall ist, daß diese also weiter betrieben werden müssen. Lediglich der Zuwachsverbrauch würde dem Großkraftwerke zufallen. In diesem Zusammenhange ist auch die gegen meine Ausführungen vom Städtetage gefaßte Resolution unverständlich, die sich gegen die Entwertung der bestehenden Werke bei Annahme meiner Vorschläge richtet, weil sie etwas bekämpft, was ich nie behauptet habe. Ich kann den Urhebern dieser Resolution den Vorwurf nicht ersparen, daß sie sich mit dem Inhalte meiner Arbeit nicht genügend beschäftigt haben.

Ein weiterer Vorwurf ist der, daß bei Durchführung meines Projektes die bestehenden Werke gewissermaßen zu Spitzenwerken „degradiert" werden würden. Auch dieser Vorwurf ist unverständlich. Es ist doch Sache einer rein wirtschaftlichen Überlegung, ob es für das betreffende Werk vorteilhafter ist, etwa den durchlaufenden Teil der Belastung von einem Großkraftwerke zu kaufen oder nicht. Nur wenn mit dem Kauf ein wirtschaftlicher Vorteil verknüpft ist, wird das Werk dazu veranlaßt werden können, sonst nicht. Die durchlaufende Belastung stellt für die Elektrizitätsfabriken gewissermaßen einen Massenartikel dar, dessen Erzeugung billig ist, der Spitzenstrom eine Einzelerzeugung, also ein hochwertiges Erzeugnis. Kommt eine Großfabrik und bietet den Massenartikel wesentlich billiger an, als er in dem alten Werke erzeugt werden konnte, so ist es nur eine Wirtschaftlichkeitsfrage, ob das alte Werk von diesem Angebot Gebrauch macht und sich mehr auf die Erzeugung des höherwertigen Produktes umstellt oder nicht. Eine Entwertung oder eine „Degradation" findet dabei nicht statt.

Auch der Vorwurf, ich habe die Minderung der Kohlenfrachten nicht berücksichtigt, trifft schon deswegen nicht zu, weil die Gesamtsumme der Kohlenfrachten größer wird, als sie jetzt ist. Das geht schon aus der örtlichen Verteilung der Großkraftwerke hervor.

Seitens des Oberbürgermeisters von Paderborn wurde der Ansicht Ausdruck gegeben, die Städte müßten auch in Zukunft die Erweiterung ihrer Elektrizitätswerke selbst vornehmen und auch den Zuwachsstrom selbst erzeugen, weil die unmittelbare Verbindung mit den Verbrauchern und die Freiheit in der Tarifgestaltung dies verlange. Die elektrische Entwicklung derjenigen Städte, die mit neueren Verträgen an Großkraftwerke angeschlossen wurden und die unter Aufgabe oder Einschränkung des eigenen Betriebes ihren Strom von außerhalb bezogen haben, zeigt eher das Gegenteil. Hingewiesen wurde besonders auf Saarbrücken, wo nach Anschluß an das staatliche Kohlenkraftwerk sich nicht nur eine gute Rentabilität, sondern gleichzeitig eine Steigerung des Elektrizitätsverbrauches um ein Vielfaches des früheren ergeben hat.

Die mittleren und kleinen Elektrizitätswerke leiden geradezu in wirtschaftlicher Hinsicht unter der von Zeit zu Zeit eintretenden Notwendigkeit der Erweiterung. Steigen die Anschlüsse nämlich auch nur um ein geringes über die jeweilige Leistungsfähigkeit des Werkes hinaus, so muß jedesmal eine Erweiterung mindestens mit der Leistung des zuletzt aufgestellten größten Maschinensatzes vorgenommen werden. Häufig zwingt aber die Notwendigkeit wirtschaftlicher zu arbeiten, zur Aufstellung noch größerer Maschinen, in der Regel mit verdoppelter Leistung. Wies die letzte Maschine beispielsweise eine Leistung von 1000 kW auf, so muß, wenn ein Mehrbedarf von 50 kW auftritt, jetzt mindestens eine neue Maschine von 1000 kW, häufig sogar von 2000 kW aufgestellt werden. Dadurch wird zunächst eine im Verhältnis zur Größe des Anschlusses unverhältnismäßige Geldausgabe erzwungen, wobei noch obendrein im Falle der Aufstellung einer 2000-kW-Maschine nur eine Erhöhung der Leistungsfähigkeit des Werkes um 1000 kW erzielt wird, weil beim Übergang zu der größeren Maschine um 1000 kW mehr in Reserve gestellt werden muß, damit im Schadensfalle noch die volle Leistung des Werkes gewährleistet ist. Mit anderen Worten: Auch die Aufstellung der größeren Maschine von 2000 kW ermöglicht nur den Mehranschluß von 1000 kW, erst bei Aufstellung der nächsten Maschine von 2000 kW bessern sich dann wieder die Verhältnisse. Zunächst entsteht sonach der Zustand, daß dem Mehrbedarf von 50 kW ein Mehrkapitalsbedarf für 2000 kW gegenübersteht. Daher die bekannte Einsenkung der Rentabilität, die bei mittleren Werken zunächst mit jeder Erweiterung verbunden ist. Diese eigentümliche Erscheinung erklärt dann auch die Tatsache, daß die ausgebaute Leistung der mittleren und kleinen Kraftwerke den wirklichen Bedarf um 100 Prozent übersteigt.

Das von mir empfohlene System gekuppelter Großkraftwerke vermeidet diesen außerordentlichen Nachteil vollständig, weil ein Werk dem andern als Reserve dient. Es ermöglicht, die Reserven auf etwa 20 bis 25 Prozent zu beschränken, wobei die hierbei vorausgesetzte Annahme, daß jede Maschine durchschnittlich den vierten oder fünften Teil des Jahres zur Instandsetzung und zum Überholen stillgesetzt werden muß, schon eine äußerst ungünstige Annahme darstellt.

Die Möglichkeit, vorstehend geschilderte Nachteile zu vermeiden und den bestehenden Unternehmungen jederzeit geradeso viel Strom zu bieten, als sie zur Deckung ihres Verbrauches nötig haben, sie von der Notwendigkeit der zunächst fast stets unwirtschaftlichen Erweiterungen zu entlasten, jede Erweiterung auf der Grundlage einer gesicherten Rentabilität vorzunehmen, sind so große Vorteile des Großkraftwerk-Systems, daß auch die Städte sich dieser Überzeugung nicht verschließen können. Für den Anschluß privater Unternehmungen wird jedenfalls lediglich die Wirtschaftlichkeitsrechnung entscheidend sein.

Auch in anderer Hinsicht herrscht vielfach eine mißverständliche Auffassung meiner Vorschläge. Es ist und war nie meine Absicht, etwa den sofortigen Ausbau meines ganzen Frankfurter Programmes zu empfehlen. Der Ausbau soll vielmehr allmählich nach Maßgabe des Bedarfs erfolgen, wobei ich allerdings der Ansicht bin, daß der Bedarf sich viel schneller herausstellen wird, als man vielleicht z. Z. anzunehmen geneigt ist. Schon die Tatsache, daß dem Großkraftwerk im wesentlichen nur der Zuwachsverbrauch zufallen wird, zwingt zu schrittweisem Vorgehen. Sollte allerdings die Entwicklung der Elektrizitätswerke einige Zeit nach dem Kriege in demselben Maße wie vor dem Kriege ansteigen, so würde man alle 4 bis 5 Jahre mit einer Verdoppelung des Elektrizitätsbedarfes rechnen müssen.

Das in Frankfurt vorgelegte Projekt stellt gewissermaßen den Endzustand dar, mit der Einschränkung, daß die inzwischen gemachten technischen Fortschritte bei den jeweils neu zu errichtenden Werken zur Anwendung gebracht werden müssen. Das gilt besonders für diejenigen, welche sich etwa durch Gewinnung der sogenannten Nebenprodukte der Kohle erzielen lassen. Auch mein Projekt kann natürlich nur den Endzustand nach dem heutigen Stande der Technik zeigen. Daß es durch den inzwischen eintretenden technischen Fortschritt wohl verbessert, aber nicht verschlechtert werden kann, ist selbstverständlich.

Das Wesentliche meines Vorschlages liegt aber, das muß immer wieder betont werden, in der Herbeiführung günstiger Belastungsbedingungen und in der Möglichkeit der besseren Ausnutzung der Großkraftwerke.

Von den jetzt bestehenden Werken weisen nur ganz wenige befriedigende Ausnutzung auf, viele städtischen Werke sind in ihrer bisherigen Entwicklung nur sehr langsam auf industrielle Versorgung eingegangen. Die jetzigen Werke sind mit wenigen Ausnahmen zu klein, um größere Industrien wirtschaftlich versorgen zu können. Nur durch die weitgehendste Einbeziehung industriellen Anschlusses, nur durch die möglichst weit getriebene Vermischung des verschiedenartigsten Verbrauches lassen sich die wirtschaftlichen Vorteile erzielen, die in meinem Frankfurter Vortrage ziffernmäßig berechnet worden sind. Man sollte glauben, daß wenigstens in Großstädten, die doch über verhältnismäßige große Kraftwerke verfügen, hinsichtlich der Vermischung des Verbrauchs der höchste Grad erreicht worden sei. Es existiert aber nur eine Stadt in der Welt, in der dies wenigstens annähernd der Fall ist, das ist Chikago.

Die ganze Frage der Elektrizitätswirtschaft darf nicht vom heutigen Standpunkte aus beurteilt werden; maßgeblich ist vielmehr der Zustand, der in 10 bis 20 Jahren vorhanden sein müßte, wenn die jetzigen Hemmnisse der Entwicklung beseitigt wären, und wenn jetzt das begonnen wird, was zur Erreichung des Zieles erforderlich ist. Nur so kann, unabhängig von partikularistischen Bestrebungen, für die Allgemeinheit das Beste erreicht werden. In 10 bis 20 Jahren wird die Bedeutung der jetzigen Werke auf $^1/_5$ bis $^1/_{10}$ der dann vorhandenen Anlagen herabgesunken sein, ihre Werte verschwinden allmählich auf dem natürlichen Wege der Abschreibung ohnehin. Das, was heute die Leute schreckt, nämlich die Verbindung der Werke mit 100 000-V-Leitungen, wird in wenigen Jahren für jeden ein Alltägliches geworden sein. Vor wenigen Jahren war eine Spannung von 30 000 V, die auch mittlere Werke jetzt allgemein anwenden, noch eine unerhörte Seltenheit. Heute sind die führenden Werke schon mit bestem Erfolge auf Spannungen von 100 000 V übergegangen, auch in Deutschland. In Amerika sind Leitungen mit 150 000 V in gutem und geordnetem Betriebe. Die Frage, welche Spannung anzuwenden ist, ist wiederum nur eine Frage der wirtschaftlichen Überlegung, und das, was heute mit 30 000 V über verhältnismäßig kleine Gebiete verteilt wird, wird ganz von selbst mit höherer Spannung über große Gebiete verteilt werden, wenn eben die Fortleitungskosten auf den denkbar niedrigsten Betrag herabgezogen werden sollen und müssen.

Die Weiterentwicklung muß in der Richtung der Schaffung von Großkraftwerken unbedingt erfolgen. Der Unterschied zwischen der Auffassung einer Anzahl von Elektrizitätswerksdirektoren und meiner eigenen liegt darin, daß nach deren Ansicht ihre jetzigen kleinen und mittleren Werke, jedes als Nahkraftwerk auf einen fest umgrenzten, konkurrenzfreien Versorgungskreis beschränkt, für die Deckung des Bedarfes ausreichen, während ich im Sinne des bisherigen Entwicklungsganges den allmählichen Übergang zur Erzeugung in Großkraftwerken erstrebe. Die jetzigen politischen Grenzen der einzelnen Versorgungsgebiete, die mit den Grenzen der jeweiligen Wegeinteressenten zusammenfallen, bilden hierfür zunächst allerdings ein unüberwindliches Hindernis. Nur unter Mitwirkung des Staates, der allein die Macht hierfür besitzt, lassen sich die politischen Grenzen zwischen den einzelnen Wegeinteressenten und deren partikularistischen Eigeninteressen so weit überwinden, daß Großkraftwerke geschaffen werden können. Der Staat wird aber, wie auch der Vorgang in Sachsen zeigt, kaum geneigt sein, die einmal in seiner Hand befindliche Macht an irgend jemand, sei es auch eine Vereinigung von Städten oder Gemeinden, zu übertragen.

Jetzt aber mit dem Ausblick auf diese Zukunft auf dem fehlerhaften Wege kleiner Einzelwirtschaft weiter zu arbeiten, die großen Beträge des Volksvermögens in verhältnismäßig unproduktiven Werten festzulegen, die Verschwendung von Wärme, die Abnutzung unserer Kohlenschätze in der bisherigen Weise weiter zu betreiben, erscheint mir so kurzsichtig, daß meiner Überzeugung nach alles getan werden muß, was zur Verwirklichung eines großzügigen Programmes geschehen kann. Die außerordentlichen Vorteile der Verbesserung der Ausnutzung, des Belastungsausgleiches, der Wärmeausnutzung bis zur technisch möglichen Grenze, der vollkommensten Nutzbarmachung der Wasserkräfte, der größten und billigsten Reserve, bringen so wesentlichen Gewinn, daß partikularistische Gegenbestrebungen diesen gegenüber nicht aufkommen dürften. Es handelt sich um eine nationale Aufgabe, vor die alle vorhandenen Kräfte gespannt werden sollten, eine Aufgabe, für deren Erörterung gerade im Kriege sich schon deswegen ein fruchtbares Feld finden sollte, weil nach dem Kriege die Zusammenfassung aller wirtschaftlichen Kräfte nötiger sein wird als je.

VII.
Elektrische Großwirtschaft unter staatlicher Mitwirkung in Württemberg.
Von H. Büggeln, Stuttgart [1]).

Wohl kaum ein anderer deutscher Bundesstaat wird sich rühmen können, eine so ausgedehnte Stromversorgung wie Württemberg zu besitzen. Hier gibt es nur noch einige Miniaturgemeinden und Einzelhöfe, die gegenwärtig den Segen der Elektrizität nicht genießen. Das ist einerseits einer liberalen Staatspolitik zu verdanken, die die freie Entwicklung nicht gehindert hat, anderseits haben die zahlreichen kleinen Wasserkraftanlagen, die die elektrische Energie ursprünglich als Nebenprodukt erzeugten, mit zur frühzeitigen und raschen Entwicklung beigetragen. Erst nach und nach, als der Elektromotor seine einflußreiche Rolle zu spielen begann, sind diese Wasserkräfte durch alle Arten von Wärmekraftmaschinen ergänzt worden.

Nach der Zusammenstellung der Elektrizitätswerke Württembergs für die Rechnungsjahre 1911 und 1912 (herausgegeben von der Ministerialabteilung für Straßen- und Wasserbau) gab es 1912 in Württemberg 273 selbständige Elektrizitätswerke (50 im Besitz von Gemeinden und Gemeindeverbänden, 223 im Privatbesitz), die mit einer gesamten Maschinenleistung von etwa 72 500 kW versehen waren. 9 dieser Werke bezogen den Strom von anderer Seite, und 50 Werke, darunter die größten, standen in gegenseitigem Stromaustausch. Die gegenwärtige

---

[1]) Abdruck aus E. T. Z. 1917, Heft 3.

Gesamtleistung aller württembergischen Werke beträgt etwa 100 000 kW und die Spitzenleistung etwa 60 000 bis 65 000 kW, so daß also 35 000 bis 40 000 kW als Aushilfskräfte anzusehen sind. Da sich letztere wiederum auf viele Werke verteilen, so kann von einer wirtschaftlichen Ausnutzung der installierten 100 000 kW nicht die Rede sein.

Um zu untersuchen, wie der gegenwärtige unwirtschaftliche Zustand der Stromerzeugung am wirksamsten geändert werden kann, müssen wir uns das mit elektrischer Energie versorgte Gebiet etwas näher ansehen: Von der Bevölkerung gehören 882 421 Einwohner der Landwirtschaft an. Vorhanden sind 314 829 landwirtschaftliche Betriebe mit 1 453 898 ha Grundfläche, wovon 1 241 427 ha bewirtschaftet werden, während der Rest Wald, Öde oder Weideland ist. Nun läßt sich statistisch nachweisen, daß 1914 für je 1 ha bewirtschafteter Grundfläche durchschnittlich etwa 35 kWh erzeugt werden mußten, insofern es sich nicht um ganz neu versorgte Gegenden mit noch wenigen Anschlüssen handelt. Während des Krieges ist die Zahl der erzeugten kWh auf durchschnittlich 40 gestiegen, und nach dem Kriege wird sie voraussichtlich mit etwa 45 kWh ihren Höhepunkt erreichen. Da vor Kriegsausbruch nur etwa 70 Prozent des landwirtschaftlichen Gebietes mit elektrischer Energie versorgt wurden, so hat damals die Stromerzeugung für Zwecke der Landwirtschaft rund 30 Mill. kWh betragen.

Für den übrigen Teil der Bevölkerung kann man in der gleichen Zeit eine Stromerzeugung von etwa 90 kWh für den Einwohner annehmen. Das ergibt für 1,42 Mill. Einwohner rund 130 Mill. kWh.

Demnach dürfte die Stromerzeugung in Württemberg im Jahre 1914 insgesamt etwa 160 Mill. kWh betragen haben. Das entspricht einem Ausnutzungsfaktor von 0,183 und einer Ausnutzungszeit von 1600 h. Hierbei verstehe ich in Übereinstimmung mit Klingenberg unter „Ausnutzungsfaktor" den Wert:

$$\frac{\text{jährliche Stromerzeugung mit den eigenen Maschinen in kWh}}{\text{ausgebaute Gesamtleistung in kW} \times 8760\,\text{h}}$$

Dagegen habe ich statt des von Klingenberg verwendeten Ausdrucks „Benutzungsdauer", der nur die Spitzenleistung in kW berücksichtigt, die Ausnutzungszeit gewählt, die man erhält, wenn man den Ausnutzungsfaktor mit 8760 multipliziert, oder den Wert:

$$\frac{\text{jährliche Stromerzeugung mit den eigenen Maschinen in kWh}}{\text{ausgebaute Gesamtleistung des Werkes in kW}}$$

Aus dem statistischen Material, das ich den Statistiken der Vereinigung der Elektrizitätswerke aus den Jahren 1911/12 und 1913/14 entnommen und in 4 Zahlentafeln meiner Veröffentlichung zusammengestellt habe, geht hervor, daß meine Berechnungen für den Ausnutzungsfaktor und die Ausnutzungszeit recht wohl stimmen dürften.

Nun sind inzwischen weitere Gebiete von Württemberg mir elektrischen Leitungen versehen worden. Auch Hohenzollern wird teils durch den Bezirksverband Oberschwäbische Elektrizitätswerke, teils durch das Elektrizitätswerk Glatten von Württemberg aus versorgt. In etwa 10 Jahren, also im Jahre 1926, werden voraussichtlich alle Haushaltungen der beiden Bundesstaaten an die Leitungen der öffentlichen Elektrizitätswerke angeschlossen sein. Die Einwohnerzahl wird zu dieser Zeit etwa 3 Millionen, 1 Million landwirtschaftliche und 2 Millionen industrielle oder bürgerliche, betragen, und es werden dann etwa 60 Mill. kWh für die Landwirtschaft und wenigstens 400 Mill. kWh für den anderen Teil zu erzeugen sein. Dabei ist angenommen, daß sich auch die großen Industrieanlagen und die Staatsbetriebe fast ausnahmslos an die öffentliche Elektrizitätsversorgung anschließen werden.

Allerdings läßt sich dieses Ziel nur durch eine erhebliche Verbilligung der Stromerzeugung erreichen. Zu diesem Zwecke müssen zunächst die ausgebauten und noch auszubauenden Wasserkräfte möglichst vollständig, d. h. mit möglichst 8760 h im Jahre, ausgenutzt werden. Ferner sind die Wärmekraftwerke auf die Mindestzahl, die aus Gründen der Betriebssicherheit noch notwendig erscheint, zu beschränken.

Leider ist es mit den Wasserkräften in Württemberg verhältnismäßig schlecht bestellt. K. Flügel gibt sie in einer Veröffentlichung über die volkswirtschaftliche Bedeutung der badischen Wasserkräfte mit 600 000 PS gegenüber 2,6 Mill. PS in Baden und 3 Mill. PS in Bayern an. Für ausnutzbar hält er in Württemberg nur 60 000 PS, was einer elektrischen Leistung von 40 000 kW bei einem elektrischen Wirkungsgrad von etwa 91 Prozent entspricht. Während indessen die bayerischen Flußläufe, die meist von den Alpen kommen, beständige Wassermassen führen und ebenso wie in Baden z. T. aufspeicherungsfähig sind, besitzt Württemberg höchstens an der Argen eine Wasserkraft der letzteren Art. Die anderen Flußläufe haben nur ein geringes Gefälle und führen sehr unbeständige Wassermengen. Allerdings scheint eine günstige Vereinbarung mit Bayern wegen Teilung der noch freien Illerkräfte bevorzustehen. Hiervon würde Württemberg etwa 17 000 kWh für öffentliche Zwecke bekommen, da die Generaldirektion der Staatsbahnen an eine Beschlagnahme zum Zwecke der Elektrisierung der Vollbahnen nicht mehr denkt.

Da der Ausbau der Wasserkräfte in Württemberg sehr kostspielig ist und im Mittel nicht unter 1800 M/kW zu stehen kommt, so will ich mit nur 30 000 kW mittlerer Gesamtleistung rechnen. Hiervon kommen 17 000 kW auf die Iller und 8000 kW auf den Neckar. Die weiter benötigte Energie kann, wie Klingenberg nachgewiesen hat, am besten mit Dampfturbineneinheiten von 15 000 bis 20 000 kW Leistung erzeugt werden. Da man ohne weiteres in der Lage ist, ganz Württemberg und Hohenzollern bei Wahl einer Spannung von 100 000 V von einer Stelle aus mit Strom zu versorgen, so läge nichts näher als der Gedanke, in oder bei Stuttgart, also im Mittelpunkt des Industriebezirkes, eine großes Dampfkraftwerk zu errichten. Eine solche Art der Stromerzeugung würde unbedingt am wirtschaftlichsten sein.

Ich möchte aber beileibe nicht zu einer so weitgehenden Zentralisierung raten, sondern schon aus Gründen der Betriebssicherheit eine gewisse Verteilung der Stromerzeugungsstellen vorschlagen. Überhaupt muß der Bau neuer Dampfkraftwerke möglichst umgangen werden, weil in Württemberg einige moderne Großkraftwerke vorhanden sind, die trotz kleinerer Dampfturbineneinheiten als 15 000 kW wirtschaftlich genug arbeiten. Für die Zwecke der Großwirtschaft kämen in erster Linie die Dampfkraftwerke in Stuttgart, Altbach, Ulm und Ellwangen in Betracht. Auch Heilbronn sollte in das Ganze eingefügt werden, was aber eine Umänderung seines anormalen Stromsystems (Frequenz = 40) notwendig machen würde.

Die erforderliche Maschinenleistung dieser Dampfkraftwerke läßt sich etwa folgendermaßen bestimmen: Für landwirtschaftliche Zwecke sind die Regentage in der Dreschperiode maßgebend. Hier schnellt gegenwärtig die Leistung für je 1000 Einwohner auf etwa 40 kW im Mittel empor, während an anderen Dreschtagen durchschnittlich 30 kW und außerhalb der Dreschperiode etwa 10 kW erforderlich sind. Demnach wird 1926 die Spitzenleistung für 1 Million landwirtschaftliche Einwohner nicht unter 40 000 kW betragen. Für die anderen Betriebe schätze ich zu derselben Zeit die Spitzenleistung der Kraftwerke auf 60 000 kW, wenn insgesamt die früher berechneten 460 Mill. kWh erzeugt werden sollen. Es muß also eine Gesamtleistung von 100 000 kW jederzeit vorhanden sein. Aber auch jetzt sind Aushilfskräfte nötig, die bei Schäden an einzelnen Maschinen in Tätigkeit treten müssen. Solche Schäden sind am ersten bei der höchsten Belastung zu befürchten und vielleicht gerade dann, wenn noch dazu großer Wassermangel herrscht. Deshalb will ich damit rechnen, daß einschließlich der 30 000 kW aus den Wasserkräften eine gesamte Maschinenleistung von 150 000 kW vorhanden sein muß. Die Dampfkraftwerke werden also mit einer Gesamtleistung von 120 000 kW auszurüsten sein. Hierbei werden am zweckmäßigsten für Stuttgart, Altbach und Ulm je 30 000 kW und für Heilbronn und Ellwangen je 150 000 kW vorzusehen sein.

Die Verteilung der Energie wird wie seither in der nächsten Umgebung der Krfatwerke mit den heute üblichen Spannungen von 5000, 10 000, 15 000 und 20 000 V erfolgen. Allmählich wäre eine normale Mittelspannung von 15 000 V anzustreben, weil die meisten württembergischen Überlandwerke mit dieser Spannung arbeiten. Die gesamte überschüssige Energie wird den im Leitungsplan (Abb. 1) enthaltenen Transformatorenwerken in Stuttgart, Heilbronn, Ellwangen, Göppingen, Ulm, Aulendorf, Rottweil und Tübingen zugeführt, wo die Spannung zunächst allgemein auf 15 000 V und dann auf 100 000 V gebracht wird. Die Transformierung auf die Mittelspannung kann vielfach durch billige und wirtschaftliche Autotransformatoren erfolgen. An verschiedenen Stellen werden auch selbsttätige Reguliertransformatoren eingebaut werden müssen.

Die Verteilung der 100 000-V-Leitungen ist aus dem Leitungsplan deutlich zu entnehmen. Ebenso geht für den Kenner der württembergischen Verhältnisse daraus hervor, daß die verschiedenen bestehenden Werke ganz bequem an die 15 000-V-Sammelschienen der Transformatorenwerke angeschlossen werden können. Auch eine Verständigung zwischen den fünf Dampfkraftwerken wird ganz leicht möglich sein. Am besten wird man hierzu eine Signalleitung verwenden, die am staatlichen Gestänge verlegt wird und außer Ferngesprächen auch andere Signale ermöglicht.

Um die Kosten der Anlage zu bestimmen, geht man am besten von dem Gesichtspunkte aus, als ob noch gar keine Kraftwerke vorhanden wären. Mit Ausnahme der Wasserkraftwerke, für die ich die Kosten mit durchschnittlich 1800 M/kW annehme, habe ich die Kosten für die Dampfkraftwerke, Transformatorenwerke und Leitungen nach Klingenberg bestimmt und auch die beim badischen Murgkraftwerk gemachten Erfahrungen benutzt. Mit Rücksicht auf die durch den Krieg hervorgerufenen Preisänderungen habe ich in sinngemäßer Weise Aufschläge gemacht. So bin ich auf folgende Anlagekosten gekommen:

	kW	Mill. M.
Wasserkraftwerke von insgesamt	30 000	54
Dampfkraftwerke von insgesamt	120 000	27,6
Transformatorenwerke von insgesamt	150 000	7,8
80 km Doppelleitung 8×70 qmm . . . . } zusammen		7,31
370 km Einfachleitung 3×70 qmm		
Fernsprechanlagen, Reguliervorrrichtungen sowie Änderungen und Ergänzungen an bestehenden Leitungen.		3,29
	zusammen	100,00.

Da sich bei einem solchen generellen Entwurf die Anlagekosten für die einzelnen Teile nicht trennen lassen, so rechne ich als jährliche Unkosten für Verzinsung, Abschreibung, Instandhaltung, Tilgung, Verwaltung und Bedienung durchschnittlich 8 Prozent vom Neuwert der Gesamtanlage und nehme an, daß auch das geringe Betriebsmaterial für die Wasserkraftwerke darin enthalten ist. Der Satz von 8 Prozent vom Neuwert ist reichlich hoch, wenn man bedenkt, daß der größte Teil der Anlagekosten durch Grunderwerb und Bauwerke entsteht. Jedenfalls übertrifft er im Mittel die Sätze, die beim badischen Murgkraftwerk und bei den preußischen Wasserkraftanlagen im oberen Quellgebiet der Weser zur Anwendung kommen sollen.

Demnach betragen die festen jährlichen Kosten rund 8 Mill. M.

Dazu kommen die Kosten für die Betriebsstoffe in den Dampfkraftwerken. Der Brennstoffpreis für 100 000 WE hat in Stuttgart und Umgebung vor dem Kriege zwischen 0,27 und 0,30 M. geschwankt, und mit 1 WE sind daselbet im Mittel 0,110 Wh erzeugt worden. Obwohl in den zukünftigen Großkraftwerken der Ausnutzungsfaktor und die Wärmewirtschaftlichkeit günstiger werden wird, soll dennoch mit Rücksicht auf die jedenfalls höheren Brennstoffpreise mit 0,30 M. für 100 000 WE und 0,110 Wh/WE gerechnet werden. Unter diesen Voraussetzungen wird der Brennstoffpreis für 1 kWh 2,73 Pf. betragen. Nach der Statistik wird man für Wasser mit 0,02 Pf/kWh und für Schmier- und Putzstoffe mit 0,05 Pf/kWh rechnen müssen. Demnach wird die mit Wärmekraft erzeugte kWh 2,8 Pf. kosten.

Wie wir gesehen haben, müssen insgesamt 460 Mill. kWh im Jahre für die nutzbare Abgabe erzeugt werden. Dazu kommen die Verluste für die Energie, die an den 15 000·V-Sammelschienen der Transformatorenwerke abgegeben werden soll. Die Stromerzeugung steigt dadurch auf rund 500 Mill. kWh.

Nun kann man annehmen, daß die 30 000 kW der Wasserkräfte an 300 Tagen im Jahre 16 h (von 6 bis 12 Uhr vormittags und von 1 bis 11 Uhr nachmittags) voll ausnutzbar sind, während sich die volle Ausnutzungsmöglichkeit an den anderen 65 Tagen auf etwa 3 h beschränkt. Während der gesamten übrigen Zeit wollen wir mit einer Ausnutzung von 15 000 kW rechnen, da diese Leistung wohl nie unterschritten werden dürfte. Demnach beträgt die Stromerzeugung in den Wasserkraftanlagen jährlich etwa 200 Mill. kWh, entsprechend einem Ausnutzungsfaktor von 0,765 und einer Ausnutzungszeit von 6700 h. Für die übrigen 300 000 kWh läßt sich nun ohne weiteres ein Ausnuztungsfaktor von 0,285 bezw. eine Ausnutzungszeit von 2500 h und für die Gesamtanlage ein Ausnutzungsfaktor von 0,380 und eine Ausnutzungszeit von 3330 h berechnen. Das sind Werte, die nicht nur erreicht, sondern bei der Entwicklung, in der die Elektrizität noch immer begriffen ist, leicht überschritten werden können.

Die Betriebsstoffkosten für die 3 0 0 Millionen in den Wärmekraftwerken erzeugten kWh lassen sich aus dem Vorstehenden mit 8,4 Mill. M. berechnen, die zu den 8 Mill. M. festen Kosten hinzukommen. Demnach werden die Gesamtkosten für 4 6 0 Mill. M. an den Sammelschienen abgegebenen kWh 16,4 Mill. M. und die Kosten für die kWh 3,56 Pf. betragen. Das ist etwa derselbe Preis, wie er für die Sammelschienen der Transformatorenwerke des Murgkraftwerkes (3,7 Pf.) berechnet worden ist.

Ein geringer Verlust von höchstens 4 Prozent im Mittel wird allerdings noch bis zu den Abnahmestellen der Stromabnehmer entstehen, so daß damit die Selbstkosten für die dort nutzbar abgegebene, mittelspannungsseitig gemessene kWh auf etwa 3,7 Pf. steigen. Da ein mittlerer Verkaufspreis von 5 Pf/kWh eine wesentliche Verbilligung gegenüber den jetzigen Stromkosten bedeuten würde und dieser Preis recht wohl erzielt werden kann, so erwächst aus den 460 Millionen nutzbar abgegebenen kWh ein Gewinn von etwa 6 Mill. M., entsprechend einem Reinüberschuß von 6 Prozent des bereits mit 5 Prozent verzinsten Anlagekapitals. Selbstverständlich müssen die Verkaufspreise für den Strom nach den allgemeinen üblichen Regeln abgestuft werden, so daß die für das Unternehmen wirtschaftlichsten Abnehmer auch den billigsten Strompreis bekommen, der wie beim Murgkraftwerk mit etwa 4 Pf/kWh bemessen werden kann.

Wie aus dem Leitungsplan hervorgeht, habe ich auch Verbindungen mit Bayern und Baden vorgesehen, ohne zunächst die Frage zu prüfen, ob vielleicht ein Strombezug von dort wirtschaftlich ist. Jedenfalls ist eine solche Verbindung recht zweckmäßig, zumal Baden sich wiederum mit den Pfalzwerken zusammenschließen und außerdem noch einige Spitzenkraftwerke an der Wutach und Dreisam errichten will. Auch am Oberrhein sind noch recht erhebliche Wasserkräfte verfügbar, deren Ausbau geplant wird.

Es wirft sich nun die Frage auf, ob und auf welche Weise sich die württembergische Regierung an dem Unternehmen beteiligen soll. Meines Erachtens ist der beste Erfolg durch Gründung einer gemischt-wirtschaftlichen Aktiengesellschaft zu erreichen, an der die bestehenden Werke so weitgehend wie möglich zu beteiligen sind. Diesen bliebe ihr bisheriges Gebiet, das gesetzlich abzugrenzen wäre, für den Stromverkauf erhalten. Die an dem Unternehmen beteiligten Werke müßten auf die eigne Stromerzeugung verzichten. Ferner müßten die beteiligten Eigentümer der größeren Wasserkraftanlagen letztere abtreten, wofür sie eine dem Kapital entsprechende Anzahl Anteilscheine erhalten. Sodann müßte das Großunternehmen die Dampfkraftanlagen der Stadt Stuttgart in Münster, der Neckarwerke in Altbach und vielleicht auch in Bissingen, des Portlandzementwerkes Lauffen in Heilbronn, des Überlandwerkes Jagstkreis in Ellwangen und die der Stadt Ulm erwerben. Der Staat würde den Ausbau der Illerkräfte und aller anderen ausbauwürdigen Wasserkräfte sowie den Bau der Transformatorenwerke und Leitungsanlagen übernehmen und Anteilscheine an die Werke abtreten, die sich mit Kraftwerken nicht beteiligen können oder noch weitere Anteile zu erwerben wünschen. Irgendein Zwang sollte möglichst nicht ausgeübt werden.

Nur die kleinen Wasserkraftanlagen von weniger als 200 bis 300 kW verbleiben im Besitz der jetzigen Unternehmer, müssen aber dauernd parallel mit den Großanlagen arbeiten. Durch Überregung können sie zur Verbesserung des Leitungsfaktors beitragen. Für die Abgabe des überschüssigen Stromes kann man ihnen auf den Zusatzstrom, den sie jetzt mit unwirtschaftlichen Wärmekraftmaschinen erzeugen müssen, einen Nachlaß gewähren.

Ein Nachteil wird keinem der beteiligten Werke entstehen, am wenigsten denen, die ihre Kraftwerke durch Anteilscheine vergütet bekommen. Sollten sie in einzelnen Fällen den Strom jetzt vielleicht etwas billiger erzeugen, so fließt der zukünftig zu bezahlende Mehrbetrag automatisch in Gestalt von Dividenden wieder zurück. Es können also lediglich rein persönliche Gründe sein, wenn vereinzelter Widerspruch gegen ein solches Unternehmen erhoben wird. Aber schließlich ist das Wohl des ganzen Landes doch wichtiger als das rein persönliche Interesse einzelner Leute, die in ihrer wirtschaftlichen Lage gar nicht geschädigt werden, sondern höchstens die ganz falsche Meinung haben, ohne eigene Stromerzeugungsanlage weniger zu gelten.

Die gemischt-wirtschaftliche Aktiengesellschaft ist für Württemberg gerade deshalb besonders geeignet, weil bei der von mir vorgeschlagenen Zusammensetzung die großen Fabrikationsgesellschaften gar keinen Einfluß auf das Unternehmen bekommen. Diesen Nachteil wirft man bekanntlich anderen derartigen Unternehmungen mit Recht oder Unrecht vor. Die jetzt bestehenden württembergischen Werke sind indessen mit verschwindenden Ausnahmen von den sogenannten Großkonzernen vollständig unabhängig.

Die Verhältnisse liegen also für die Gründung eines württembergischen gemischt-wirtschaftlichen Unternehmens unter Beteiligung des Staates und der bestehenden Elektrizitätswerke denkbar günstig. Ein Zustandekommen würde daher neben einer bedeutenden Erhöhung der Betriebssicherheit große wirtschaftliche Werte schaffen und der Industrie, der Landwirtschaft und der gesamten Bevölkerung von Württemberg und Hohenzollern zum Segen gereichen.

VIII.
Elektrische Großwirtschaft unter staatlicher Mitwirkung.
Von W. Hoffmann, Herford [1]).

Übersicht. Es wird darauf hingewiesen, daß die preußische Regierung einen Eingriff in die Elektrizitätserzeugung bereits angekündigt hat, und es wird den interessierten Kreisen dringend empfohlen, auf die Gestaltung dieses Projektes Einfluß zu gewinnen. Gleichzeitig werden die Einwendungen gegen das Klingenbergsche Projekt der Großerzeugung widerlegt, und es wird behauptet, daß der zu erwartende Gewinn erheblich größer würde, als von Klingenberg berechnet, weil in dieser Rechnung günstige Faktoren unberücksichtigt geblieben sind. Die Mitwirkung des Staates wird unter der Voraussetzung befürwortet, daß sie sich auf die Großerzeugung beschränkt, weil dem Staate damit eine wachsende Einnahmequelle für die Deckung seiner Ausgaben erschlossen wird, die ihm nicht vorenthalten werden kann. Voraussetzung des Verfassers ist, daß der Staat unter keinen Umständen ein Lieferungsmonopol an die Verbraucher bekommt, sondern daß dieses Geschäft den bestehenden Werken erhalten bleibt.

Nach den Äußerungen des Ministers der öffentlichen Arbeiten und der Parteiführer im Preußischen Landtage aus allerletzter Zeit sind die Vorarbeiten für einen Eingriff des Staates in die Elektrizitätsversorgung scheinbar schon weiter gediehen, als bisher angenommen werden konnte, und es ist daher berechtigt und notwendig, daß die interessierten Kreise sich mit dieser alle laufenden Fragen der Elektrotechnik weit überragenden Angelegenheit möglichst eingehend beschäftigen.

Die Versammlung, die die Vereinigung der Elektrizitätswerke am 4. Dez. 1916 im Preußischen Abgeordnetenhause abgehalten hat, war in der Hauptsache mit einem Vortrage von Direktor Dr. Voigt, Kiel, ausgefüllt, der das von Prof. Dr. Klingenberg unter obiger Überschrift ausgearbeitete Projekt in allen Einzelheiten zu widerlegen suchte und im ganzen verwarf. Andere Stimmen sind teils wegen der Zeitknappheit, teils weil die Frage noch zu neu war, nicht zur Geltung gekommen.

Prof. Klingenberg hat inzwischen in Wort und Schrift die gegnerischen Äußerungen zu widerlegen versucht und dabei nach meiner Auffassung erfolgreicher gearbeitet wie seine Gegner, die seinem Projekt mehrfach Absichten unterstellen, welche von Klingenberg selbst wiederholt ausdrücklich abgelehnt werden.

Für die interessierten Kreise, insbesondere die bestehenden Elektrizitätswerke, muß nach den Äußerungen im Landtage die weitere theoretische Erörterung der Meinungsverschiedenheiten meines Erachtens aufhören und sofort mit allen Mitteln versucht werden, auf die Projekte des Staates Einfluß zu gewinnen, indem sich führende Persönlichkeiten der Elektrizitätsversorgung für eine objektive Mitarbeit zur Verfügung stellen, weil es sonst möglich wäre, daß, während noch darüber gestritten wird, ob diese oder jene Einzelheiten des Klingenbergschen Projektes zutreffend sind, dem Landtage die eigentliche Vorlage zugeht.

Gegen die Darlegungen Klingenbergs wurden besonders folgende Bedenken vorgebracht:

1. Der Übergang von der heutigen Art der Elektrizitätsversorgung in eine den Plänen Klingenbergs entsprechende Form führt zu einem Eingriff in Existenz und Rechte der vorhandenen Werke, ohne daß dem Stromabnehmer der Strom verbilligt und dem Staate nennenswerte Einnahmen zugeführt werden würden.

2. Die technischen Grundlagen der Abhandlung Klingenbergs sind unsicher und zu optimistisch, insbesondere trifft die von ihm angenommene Über-

---

[1]) Abdruck aus E. T. Z. 1917, Heft 17.

legenheit der „Großkraftwerke" gegenüber „Nahkraftwerken" in bezug auf billigere Baukosten, größere Wirtschaftlichkeit und erhöhte Anschluß-möglichkeit von Großabnehmern nicht zu.

3. Die durch die 100 000-V-Leitungen bedingten Mehrkosten bei Errichtung verhältnismäßig weniger „verkupppelter Großkraftwerke" sind so groß, daß schon hierdurch ein etwaiger wirtschaftlicher Vorteil einer „elek-trischen Großwirtschaft" wieder aufgehoben werden würde. Außerdem entsprechen 100 000-V-Leitungen berechtigten Ansprüchen an Betriebs-sicherheit nicht.

Zu der Frage der staatlichen Einflußnahme auf die elektrische Großwirtschaft äußert sich Klingenberg folgendermaßen:

„Wie weit die staatliche Einflußnahme auszudehnen ist, ob es die alleinige Aufgabe des Staates sein soll, die sich aus nachstehenden Untersuchungen er-gebenden Vorschläge zu verwirklichen, oder ob er sich darauf zu beschränken habe, eine Organisation ins Leben zu rufen, bei der sein Einfluß auf die Erzeugung und Verteilung gesichert ist, will ich absichtlich unerörtert lassen."

„Eine weitere unerläßliche Voraussetzung jedes staatlichen Eingriffs ist die, daß bestehende Werte nicht vernichtet werden dürfen. Daraus folgt, daß die staatliche Wirtschaft nur dort am Platze ist, wo die Lieferung nicht teurer wird als die bisherige Erzeugung."

„Es darf ferner vorausgesetzt werden, daß der Staat es möglichst vermeiden sollte, in bestehende Rechte einzugreifen und gegebene Verhältnisse von Grund aus umzuändern."

Man sieht aus diesen Sätzen, daß sich Klingenberg der Schwierigkeiten wohl bewußt ist, die die Organisation einer staatlichen Einflußnahme auf die elektrische Großwirtschaft zur Folge hat, und daß deren einigermaßen erschöpfende Be-handlung über den Rahmen der Klingenbergschen Abhandlung weit hinaus-gegangen wäre. Gerade dieser Teil des Vortrages, der nur in kurzen Zügen auf die hauptsächlichsten Punkte hinweist, läßt die Mitarbeit der beteiligten Kreise besonders erwünscht erscheinen, da es sich um die Schaffung von Organisations-formen handelt, die von den uns heute geläufigen staatlichen Einrichtungen weit verschieden sind. Selbst der Vergleich mit den Betrieben und der Verwal-tung der staatlichen Eisenbahnen würde der Eigenart des Problems wohl nur wenig gerecht werden. Am ehesten könnte man an die gemischt-wirtschaftlichen Unternehmungen denken. Nun wird man sich aber beim Neuaufbau unseres Wirtschaftslebens an manchen Stellen, auf die der Staat maßgebenden Einfluß ausübt, an Einrichtungen und Formen gewöhnen müssen, die von unseren bis-herigen Vorstellungen von „Behörden" und „Staatsbeamten" sehr abweichen. Ich möchte bei dieser Gelegenheit nur daran erinnern, daß noch vor verhältnis-mäßig kurzer Zeit eine Stellung, wie sie heute die Leiter großer kommunaler Elektrizitätswerke innerhalb der Beamtenschaft einnehmen, kaum denkbar ge-wesen wäre.

In dieser Hinsicht wäre also ein unübersteigbares oder auch nur schwerwiegen-des Hindernis der Klingenbergschen Pläne kaum zu erblicken.

Die von den Gegnern des Projektes bisher erhobenen Einwendungen ge-nügen zu einer Widerlegung in keiner Beziehung. Wenn Dr. Passavant als einer der wenigen, die eigene Erfahrungen im Betriebe von Großkraftwerken besitzen, und dessen Denkschrift zur Frage der Besteuerung der Elektrizität hervorragend gut ist, gegen das Klingenbergsche Projekt nicht mehr einzuwenden hat als bis-her, so müssen die Vorschläge Klingenbergs grundsätzlich richtig sein. In der „ETZ" 1916, S. 409ff. führt Dr. Passavant in der Hauptsache gegen das Projekt an, es würden blühende Werke entwertet, der von Klingenberg berechnete Überschuß nicht erreicht werden, weil die Anlagekosten nach dem Kriege erheblich höhere wären, der Staat dürfe ein Kapital von 900 Millionen unter den jetzigen Wirtschaftsverhältnissen nicht um einen so geringen Überschuß anlegen, und es solle die organische Weiterentwicklung der jetzigen Verhältnisse nicht gestört werden. In der Diskussion am 4. Dezember 1916 wandte sich Dr. Passavant in der Hauptsache gegen den staatlichen Zwang und befürwortete die organische Fortentwicklung der bestehenden Werke im freien Spiel der Kräfte. Alle Gründe von Dr. Passavant lassen sich leicht widerlegen. Eine Entwertung der vorhandenen Anlagen will Klingenberg, wie schon nachgewiesen, selbst ausgeschlossen wissen, und dieses muß auch unbedingt gefordert werden. Daß steigende Anlagekosten den Überschuß des Klingenbergschen Projektes aufheben, ist unzutreffend, weil die Steigerung der Preise auch die Erweiterung bestehender Anlagen treffen und die wirtschaftliche Überlegenheit der Großkraftwerke nur fördern würde. Die Frage, ob der Staat ein so großes Kapital aufwenden soll, ist lediglich wirtschaftlich zu beurteilen, d. h. nach dem Ertrage. Die Forderung der organischen Weiterentwicklung bestehender Werke hat nur für wenige Gebiete, z. B. Großstädte und Industriebezirke, Berechtigung. Für die große Mehrzahl der mittleren und kleinen Werke wird damit den Staatsinteressen aber nicht gedient, denn es ist ausgeschlossen, daß diese ohne staatliche Einwirkung zu Großkraftwerken vereinigt werden können und ihre verschwenderische Betriebsweise aufgeben. Dr. Passavant wird aus eigener Erfahrung wissen, welche Schwierigkeiten und Arbeiten es macht, kleine unwirtschaftliche Zentralen zur Aufgabe des Eigenbetriebes zu veranlassen, auch wenn ihnen wirtschaftliche Vorteile geboten werden, weil die zuständigen Kollegien aus Mangel an Sachkenntnis und vielen anderen Gründen immer wieder die Selbsterzeugung unterstützen. Dieser letzten Passavantschen Forderung muß jedoch, soweit vorhandene Großbetriebe in Frage kommen, der Staat selbstverständlich Rechnung tragen, und es steht diese Bedingung im Zusammenhang mit der von Klingenberg nicht näher behandelten Frage, wie weit der etwaige Zwang zum Strombezuge aus den staatlichen Großkraftwerken ausgedehnt werden darf. Die bestehenden wenigen Großkraftwerke haben natürlich kein Interesse an der Entstehung staatlicher Werke, weil sie den Gewinn, den der Staat daraus erwartet, voll für sich in Anspruch nehmen, und dieses Recht muß ihnen auch fernerhin gewahrt bleiben.

Wenn Oberbürgermeister Plaßmann, Paderborn, den Standpunkt vertritt, das Klingenbergsche Projekt sei auch deshalb unannehmbar, weil in der Elektrizitätsversorgung jedes erzeugende Werk in der Lage sein müsse, unmittelbar an den Verbraucher zu verkaufen, infolgedessen die staatlichen Großkraftwerke mit der Zeit dazu übergehen würden, auch den Verbrauch an sich zu bringen, was für die bestehenden Unternehmungen selbstredend schädlich wäre, so kann ich ihm darin nicht beipflichten. Für die Ansicht, daß eine Stromversorgungsorganisation, ob kommunal oder privat, selbst erzeugen müsse, lassen sich treffende Gründe nicht mehr anführen. Der Plaßmannsche Standpunkt ist vielleicht treffend für kleinere Stromerzeugungsanlagen, deren Verkaufspreise für größere Abnehmer den Selbstkosten so nahe sind, daß größere Anschlüsse von Fall zu Fall sorgfältig berechnet und unter Umständen abgelehnt werden müssen. Bei der Versorgung aus Großkraftwerken müssen aber die Stromkosten nicht teurer als bei Selbsterzeugung und den Zwischenunternehmern so genau bekannt sein, daß der Verkehr mit den Verbrauchern darunter nicht leidet. Es gibt heute sehr große Unternehmen, die zu den billigsten vorkommenden Strompreisen liefern und keine eigenen Erzeugungsstellen besitzen. Viele Unternehmen sind erst dadurch lebensfähig und rentabel, daß sie keine eigenen Zentralen haben, und zahlreiche Gebiete verdanken dem Umstande die Vorzüge der Elektrizität, daß sie von Leitungen größerer Unternehmen berührt werden. Daß die Mehrzahl der bestehenden Unternehmen immer noch eigene Zentralen besitzt, ergibt sich lediglich aus der geschichtlichen Entwicklung der Elektrizitätsversorgung, die mit der Erzeugung an der Verbrauchsstelle angefangen hat. Das Endziel liegt zweifellos bei der Erzeugung an der Gewinnungsstelle der Kohle und Wasserkraft, und es entspricht das Klingenbergsche Projekt nach meiner Ansicht durchaus dem Endziele der von allen Seiten grundsätzlich geforderten organischen Weiterentwicklung unserer heutigen Elektrizitätsversorgung.

Es ist u. a. behauptet worden, es sei unmöglich, für den Verkehr zwischen den Großkraftwerken und den Zwischenhändlern eine Tarifform zu finden, die für das ganze Reich eine einheitliche Behandlung zulassen würde. Diese Schwierigkeit ist aber unbedeutend, ein gangbarer Weg dürfte sich hier etwa in der Weise finden lassen, daß man den Grundpreis des Stromes für einen bestimmten Einheitspreis des Brennstoffes festsetzt und hierzu staffelförmige Zu- oder Abschläge macht, je nach der Über- und Unterschreitung des Einheitspreises der Kohle, wie sie durch die Kosten für den Kohlentransport und durch Preisschwankungen infolge der wechselnden Marktlage verursacht wird. Ein derartiges Vorgehen würde sich selbsttätig den unvermeidlichen Unterschieden in den Stromkosten anpassen, wie sie — auch jetzt schon — durch die mehr oder weniger günstige Lage der Verbrauchsorte zu den Gewinnungsstätten der Kohle bedingt sind. Ähnliche Klauseln ließen sich mit Vorteil auch zwischen den Stromverbrauchern und den den Einzelverkauf besorgenden Unternehmern vereinbaren.

Es soll weiter untersucht werden, ob

1. die den Vorschlägen Professor Klingenbergs entsprechende „elektrische Großwirtschaft" der heutigen „Einzelwirtschaft" überlegen ist, und ob

2. sie sonstige Vorzüge zur Folge hat, die anders nicht zu erzielen wären.

Von grundlegender Wichtigkeit für die Wirtschaftlichkeit der Elektrizitätserzeugung sind die Anlagekosten für 1 kW ausgebauter Leistung, die Klingenberg an Hand sorgfältiger Untersuchungen vorhandener Kraftwerke ohne die Transformatorkosten für Werke mit Maschineneinheiten von 1000 kW zu etwa 300 M., für Werke mit Einheiten von 3000 bis 5000 kW zu etwa 200 M. und für Werke mit Turbinen von 15 000 bis 20 000 kW bei günstigster Lage zu etwa 150 M. angibt. Zu diesen Kosten macht Klingenberg einen gleichmäßigen Zuschlag von 30 M./kW, um zusätzliche Ausgaben infolge schlechten Baugrundes, schwieriger Wasserversorgung, Grundstückserwerbes usw. zu berücksichtigen. Dieser Zuschlag fällt bei den kleinen spezifischen Baukosten großer Werke wesentlich stärker ins Gewicht, als bei mittleren und kleineren Werken und verschiebt die Verhältnisse zugunsten der kleinen Werke.

Daß große Werke unter Einsetzung früherer Friedenspreise für durchschnittlich 180 M. für 1 kW gebaut werden können, bestätigen alle Erfahrungen. Durch die Steigerung der Einzelleistung von Turbinen und Kesseln nehmen nicht nur die spezifischen Kosten dieser Maschinen selbst ab, sondern es treten auch wesentliche Ersparnisse an den Rohrleitungen, den Hilfsapparaten, Schaltanlagen, Fundamenten und Gebäuden gegenüber kleineren Maschinensätzen ein. An diesen Verhältnissen würde auch dann grundsätzlich nichts geändert werden, wenn etwa nach dem Kriege eine allgemeine, bleibende Preiserhöhung gegen früher eintreten sollte, da sich diese auch bei kleinen Maschinen in noch höherem Maße äußern würde. Die Folge hiervon wäre allenfalls eine allgemeine Verteuerung der Strompreise, und zwar auch bei solchen Werken, die noch vor dem Kriege mit kleineren Baukosten erstellt worden sind, weil ihre Leistungsfähigkeit gegenüber dem schnell wachsenden Strombedarf immer weniger ins Gewicht fällt, so daß ihnen ein bleibender preismildernder Einfluß nicht zugeschrieben werden kann.

Die Steigerung der Einzelleistung bei Dampfturbinen von 25 000 auf 50 000 kW und der Transformatoren von 25 000 auf 60 000 kVA, wie solche schon heute zur Aufstellung gelangen, ist ein weiterer bemerkenswerter Schritt in Richtung der Baukostenersparnis großer Werke. Es ist auch außer Zweifel, daß die Leistung der Dampfkessel für Elektrizitätswerke durch Steigerung der Größe und der Beanspruchung der Heiz- und Rostfläche erheblich über heutige Werte erhöht werden kann, was gleichfalls großen Werken in stärkerem Maße zugute kommt als mittleren und kleinen. Alles in allem darf man daher die durchschnittlichen Baukosten für Kraftwerke großer Leistung mit 180 M./kW als sehr vorsichtig angesetzt und ausreichend bezeichnen.

Auch die im Klingenbergschen Vortrag für 100 000 V-Leitungen und die Transformatorenwerke angenommenen Baukosten sind auskömmlich bemessen.

Für die Untersuchung, ob ein Betrieb mit verhältnismäßig wenigen, durch ein Hochspannungsnetz miteinander verkuppelten Großkraftwerken zahlreichen Nahkraftwerken ohne 100 000 V-Leitungen überlegen ist, wird man sich zur Ermittlung der Betriebskosten der Abb. 3, 5, 6 und 7 der Klingenbergschen Abhandlung bedienen dürfen, da die dort gegebenen Rechnungsgrundlagen für die Nachprüfung der Brauchbarkeit dieser Schaubilder genügen.

Es erscheint mir jedoch besser, das Ergebnis der Rechnung — im Gegensatz zu Professor Klingenberg — ohne alle Abrundungen anzugeben und lieber unter Verwendung der Klingenbergschen Werte zwei Grenzwerte festzulegen, zwischen denen das Endergebnis voraussichtlich liegen wird.

Ausnutzungsfaktor der Großkraftwerke Prozent	40 bis 35	
Jährlicher Strombedarf von Preußen . . kWh	10 Milliarden	
Ausgebaute Leistung der Werke . . . . kW	3,35 bis 2,95 Mill.	
Erforderliches Anlagekapital . . . . . . M.	602 bis 530 Mill.	
Anlagekapital für Leitungen und Transformatoren . . . . M.	370 = 370 Mill.	
Gesamtes Anlagekapital M.	972 bis 900 Mill.	

Bei einem Wärmepreis von 2,25 Pf./10 000 WE gibt Klingenberg die Kosten für 1 kWh an für ein

Großkraftwerk	2,19 bis 2,33 Pf.
Mittelkraftwerk	3,05 bis 3,41 Pf.
Überlegenheit des Großkraftwerkes	0,86 bis 1,08 Pf.
Reservenersparnis des Großkraftwerkes . .	0,10 = 0,10 Pf.
Fortleitungskosten des Großkraftwerkes . .	0,55 = 0,55 Pf.
bleibt Überschuß des Großkraftwerkes . . .	0,41 bis 0,63 Pf.

Einnahmen:

5 Prozent Verzinsung des ganzen Anlagekapitals M.	45 bis 48,6 Mill.
(ist in den Kosten für 1 kWh enthalten)	
Überschuß aus dem Stromverkauf . . . . . M.	41 bis 63,0 Mill.
Gesamte Reineinnahmen . . . . M.	86 bis 111,6 Mill.
d. i in Prozent des Anlagekapitals	9,56 bis 11,5%.

Berücksichtigt man, daß für Abschreibung und Reparaturen der Kraftwerke 8,5 Prozent, der Leitungen 5 Prozent eingesetzt worden sind, was mit Rücksicht darauf, daß mit einem Ablauf von Konzessionsverträgen nicht gerechnet werden muß, sehr reichlich ist, so muß die erzielte Verzinsung als gut bezeichnet werden.

Würde das Unternehmen von einer Gesellschaft betrieben werden, die die Hälfte des Kapitals als Obligationen herausgibt, so könnte eine Dividende von rund 14 bis 18 Prozent ausgeschüttet werden, wie sie heute nur von vereinzelten Werken erzielt wird.

Von entscheidendem Einfluß ist die Frage, ob durch die Verkupplung eine Erhöhung des Ausnutzungsfaktors von 25 auf 35 Prozent, bzw. von 30 auf 40 Prozent, d. h. um 33 bis 40 Prozent seines jetzigen Wertes erzielt werden kann. Der Einfluß der Verkupplung, den nur Werke, die nach diesem System arbeiten, zu beurteilen vermögen, ist in der Tat ein außerordentlicher und in den Rechnungen von Klingenberg noch gar nicht genügend hervorgehoben. Der Ausnutzungsfaktor wird sich aber auch zweifellos noch erheblich günstiger gestalten dadurch, daß sich neben den Großkraftwerken große Überschußverbraucher, z. B. chemische Fabriken, ansiedeln, die die jeweilig freie Maschinenleistung abnehmen. Ferner kommt das Zusammenarbeiten mit Talsperren, die den Bedarf der Lichtspitzen decken und so den Ausnutzungsfaktor der Dampfanlagen verbessern, in Betracht.

Endlich berücksichtigt Klingenberg auch die durch Nebenproduktgewinnung zu erzielenden Ersparnisse nicht. Die Technik der Nebenprodukte hat unter dem Zwange des Krieges eine außerordentliche Entwicklung erfahren und verspricht auch für künftige Friedenszeiten eine sehr günstige Rente. Ihrer Einführung in großem Maßstabe stellte sich bislang hauptsächlich der Umstand hindernd entgegen, daß der Betrieb mit annähernd gleichbleibender Belastung durchgehen muß und die Möglichkeit des Absatzes erheblicher Energiemengen benötigt. Diese beiden Voraussetzungen waren bisher in deutschen Elektrizitätswerken nicht gegeben. Sie lassen sich jedoch bei elektrischer Großwirtschaft ohne Schwierigkeit in großem Maßstabe durch Überschußabnehmer und Spitzenwerke für die Mehrzahl der Großkraftwerke schaffen. Im Gegensatz zu den Gegnern Klingenbergs bin ich der Ansicht, daß der Überschuß von ihm viel zu vorsichtig berechnet ist, weil er greifbare Werte unberücksichtigt läßt.

Schließlich noch die Sicherheit der 100 000 V-Leitungen. Ich habe keine eigenen Erfahrungen damit, und die meisten Gegner Klingenbergs wohl auch nicht. Es ist aber außer Frage, daß die Höhe der Spannung, natürlich innerhalb der erprobten Grenzen, auf die Sicherheit viel weniger einwirkt als zahlreiche andere Erscheinungen, wie Material, Bauweise, Zahl der Anzapfungen, Gelände usw. Die bisher im Betriebe befindlichen Leitungen mit dieser Spannung arbeiten nach Überwindung der unvermeidlichen Kinderkrankheiten gut, und die Großkraftwerke sollen untereinander mit Doppelleitungen verbunden werden, so daß außer einigen Werken an den äußersten Enden jedes über 4 Leitungen von 2 Seiten versorgt werden kann. Es hieße, die Leistungen der deutschen Elektrotechnik verleugnen, wenn man ihr nicht zumuten würde, die etwaigen Schwierigkeiten zu überwinden.

Als Leiter eines unabhängigen, rein kommunalen größeren Unternehmens halte ich es für meine Hauptaufgabe, die Bevölkerung meines Versorgungsgebietes so gründlich und gut als möglich mit Elektrizität zu versehen, insbesondere weit abgelegene Gemeinden und solche Bevölkerungsschichten anzuschließen, die aus der Versorgung wirtschaftliche Vorteile haben. Wo die heute noch im eigenen Kraftwerk erzeugte Energie herkommt, ist mir ganz gleichgültig, denn für die Leistungsfähigkeit und das Ansehen des Unternehmens ist es in keiner Weise bestimmend, ob dieses eine eigene Zentrale besitzt oder nicht. Bei den unzähligen Aufgaben eines Elektrizitätsversorgungsunternehmens betrachte ich den Fortfall der Selbsterzeugung als eine Erleichterung und Befreiung zahlreicher Arbeitskräfte für andere Zwecke. Denkt man an die zahllosen gleichartigen Sorgen für die einzelnen kleinen und mittleren Betriebe, erwähnt sei z. B. nur die Kohlenversorgung während des Krieges, um die seit Jahr und Tag ohne Erfolg viel Arbeit geleistet worden ist, so muß es dringend erwünscht erscheinen, diese Arbeiten und Sorgen in wenige Hände zu legen und dadurch zahlreiche Arbeitskräfte in Köpfen und Händen zum Nutzen der Allgemeinheit freizumachen.

Die Bedenken gegen den staatlichen Zwang sind gewiß nicht unbegründet. Sie müssen vom kommunalpolitischen und wirtschaftlichen Standpunkt eingehend gewürdigt werden, und die gesetzlichen Bestimmungen müssen so gefaßt werden, daß den bestehenden Versorgungsunternehmungen aus der Neuregelung keine Schäden drohen. Diese Ziele sind aber durchaus erreichbar und werden bei der Regierung nicht auf Widerstand stoßen. Die Annahme, daß der Staat, wenn er einmal den Finger hat, die Hand nimmt, geht zu weit. Von solchen Grundsätzen ausgehend, hätten viele Gesetze nicht gemacht werden können, die sich als segensreich erwiesen haben. Wie weit der staatliche Zwang ausgedehnt werden soll, ist jedenfalls eine der wichtigsten Fragen.

Nach meiner Ansicht müßte die Grenze für die selbständige Weiterentwicklung der bestehenden Unternehmungen durch die Höhe der Erzeugungskosten gesetzt werden, derart, daß Großkraftwerke, die einen bestimmten Selbstkostensatz nicht überschreiten, selbständig weiterarbeiten und vergrößert werden können. Mittlere und kleine Werke müssen ihre bestehenden Anlagen weiterbetreiben dürfen, wenn die Kosten dabei geringer werden, als bei der Stillegung unter Berücksichtigung der Verzinsung und Tilgung für die vorhandenen Werte. Für die Prüfung der Selbstkosten müßten besondere Schiedsgerichte oder Kammern eingesetzt werden.

Unter allen Umständen muß aber das Gesetz einwandfrei feststellen, daß der Staat sich auf die Großerzeugung und den Vertrieb an die bestehenden Unternehmen und etwa noch zu gründenden kommunalen oder gemischt-wirtschaftlichen Unternehmen zu beschränken hat. Der Verkauf an die Verbraucher darf nur durch diese Unternehmungen erfolgen, und es müssen Erweiterungen der staatlichen Befugnisse, soweit es im gesetzlichen Wege möglich ist, ausgeschlossen werden. Professor Klingenberg vertritt etwa denselben Standpunkt. Die von ihm angeführten Gründe scheinen mir jedoch nicht durchschlagend. Es ist mindestens nicht ausgeschlossen, daß der Staat eine so große neue Einrichtung auf besondere Grundlage stellen und unter Benutzung der vorliegenden Erfahrungen sich den Bedürfnissen geschäftlich anpassen könnte, natürlich nicht ohne einheitliche Regelung für ganz Preußen und nicht ganz frei von bureaukratischen Belastungen. Die Klingenbergschen Bedenken sind aber bei anderen gleichartigen Unternehmungen, wie Eisenbahn und Post, überwunden worden, denn die Selbstkosten für die Bestellung eines Briefes auf dem Lande sind 10- bis 20mal teurer wie in der Großstadt, und ein gefahrenes Personenkilometer kostet auf der einen Strecke auch viel mehr als auf der anderen; die Kriegswirtschaft hat dem Staate in dieser Frage große Erfahrungen gebracht.

Für die unbedingte Ausschließung des Staates vom Einzelverkauf muß aber maßgebend sein, daß dieses Geschäft heute für die große Mehrzahl der Kommunalverbände und für viele Erwerbsgesellschaften eine sich stets weiter entwickelnde steigende Einnahmequelle geworden ist, auf die sie unter keinen Umständen verzichten können, und daß die Kommunalverbände auch sonst viele Gründe haben, auf die Elektrizitätsversorgung ihrer Gebiete maßgebenden Einfluß zu behalten.

Der Staat braucht Geld, um die infolge des Krieges ins Ungeheure wachsenden allgemeinen Ausgaben zu decken, und muß — darüber besteht wohl heute kein Zweifel mehr — alle gangbaren Wege beschreiten, um dieses Geld zu beschaffen. Die Elektrizität ist ein geeignetes Mittel wegen ihrer allgemeinen Verbreitung, großen Wirtschaftlichkeit und besonders wegen ihrer aussichtsvollen Zukunftsentwicklung, weil dadurch eine wachsende Einnahmequelle erfaßt wird. Sich gegen einen Eingriff des Staates zu sträuben, wäre unter den heutigen Verhältnissen aussichtslos, es kommt nur darauf an, zwischen den höheren Staatsinteressen und denen der bestehenden Werke einen Weg zu finden, der beiden Teilen gerecht wird, insbesondere bestehende Werte und geschäftliche Interessen nicht schädigt. Die Großkraftwerke kommen zweifellos. Eine plötzliche Umwälzung mit der für Jahre unrentablen Aufwendung von 1 Milliarde M. verbietet sich von selbst und wird auch von Klingenberg nicht befürwortet, sie entstehen langsam nach und nach, den natürlichen Bedingungen und dem Bedarf entsprechend, im ganzen Lande, wie sie schon in einzelnen bevorzugten Gebieten mit besten Ergebnissen vorhanden sind. Neu an der Sache ist nur der geplante staatliche Eingriff. Ohne diesen ist eine allgemeine Durchführung des Planes aber nicht möglich, und wenn der Staat aus seiner Mitwirkung, ohne andere zu schädigen, für die Allgemeinheit Nutzen ziehen kann, so muß er es tun.

Weitere Veröffentlichungen des Verfassers über Elektrizitätsversorgungsfragen.

Die wirtschaftliche Bedeutung der Versorgung ländlicher Bezirke mit billiger elektrischer Energie. Sonderdruck aus: Die Kreis- und Gemeindeverwaltung, 1908, Nr. 10 und 11.

Gemeindeverwaltung und Elektrizitätsversorgung. Sonderabdruck aus Nr. 1—3. Jahrgang 1908 der Rheinisch-Westfälischen Gemeindezeitung.

Die Elektrizität und ihre Anwendung in der Landwirtschaft. Vortrag gehalten auf der 10. Versammlung der der Landwirtschaftskammer für die Provinz Westfalen angeschlossenen landwirtschaftlichen Vereine zu Hagen i. W., 1909.

Vorzüge und Nachteile der verschiedenen Arten von Verträgen für die Versorgung von Landgemeinden mit elektrischer Energie. Vortrag gehalten auf der Hauptversammlung des Bezirksverbandes Köln des Rheinisch-Westfälischen Gemeindetages. 1909.

Betriebsführung städtischer Werke. Herausgegeben von Th. Weyl. Band III. Elektrizitätswerke, 1911. Verlag von Werner Klinkhardt, Leipzig.

Die Elektrizitätsversorgung von Groß-Berlin. Sonderabdruck aus der E. T. Z. 1913, Heft 21.

Die Aufgaben, welche städtischen Elektrizitätswerken durch die Versorgung von Großkonsumenten erwachsen. Neubearbeitung nach einem am 15. I. 1908 in der elektrotechnischen Gesellschaft zu Köln gehaltenen Vortrage, 1914.

Ein nach kaufmännischen Grundsätzen geleitetes städtisches Betriebsamt (Bielefeld). Sonderabdruck aus E. K. u. B., 1914, Heft 1.

Das Stromangebot der königlichen Eisenbahndirektion Halle a. S. Sonderabdruck aus „Die chemische Industrie", 1914, Nr. 14.

Elektrizität und Gas im Lichte der Volkswirtschaft. Wirtschaftliche Rundschau, Worms, 1914, Nr. 12.

Was Not tut. Ein Mahnwort an alle diejenigen, welche an einer wirtschaftlichen Elektrizitätsversorgung von Groß-Berlin ein Interesse haben. Atlas Verlag G. m. b. H., Berlin, 1914.

Anschlußbatterien für die elektrische Beleuchtung von Kleinwohnungen, Kasernen und Fabriken. Mittlg. d. V. d. E. W., 1915, Nr. 160.

Die Rechtsverhältnisse von Leitungsnetzen. Verlag Julius Springer, Berlin, 1915.

Die Wasserkräfte des Berg- und Hügellandes in Preußen und ihre Bedeutung für die Elektrizitätserzeugung. Sonderabdruck aus der E. T. Z., 1915, Heft 27.

Zur Kraft- und Lichtversorgung Ostpreußens. Ostpr. Heimat. Heft 3, 1916.

Die Ausnutzung von Überschußkräften. E. K. u. B. Heft 14, 1915.

Die künftige Elektrizitätsversorgung der Provinz Brandenburg. E. T. Z., 1916, Heft 23.

Druck der Spamerschen Buchdruckerei in Leipzig.